"十三五"职业教育国家规划教材

电脑美术设计与制作职业应用项目教程

Photoshop职业应用项目教程 第2版

主　编　张毅娴　刘银冬

副主编　田　华　杨银燕　杨永攀
　　　　初　勇　蔡少婷

参　编　李建勋　赵　鹏　王　鑫　崔菁菁
　　　　孙元立　王　悦　李静丽　顾晓俭
　　　　段　霞　任大伟　向　欣

U0255878

机械工业出版社

本书是"十三五"职业教育国家规划教材。

本书采用深入浅出、通俗易懂的风格,将Photoshop软件中复杂的功能浓缩为重要、精华的技术。全书共8个单元,25个任务,将相关工作岗位中的常见案例进行分解并转化为具体任务,使读者可以全面、快速地理解和掌握Photoshop软件的使用方法及技巧。

本书适合计算机平面设计、照片修饰等领域各层次的用户阅读,同时也适合作为职业院校计算机平面设计及相关专业的教材。无论是专业人员还是普通爱好者,都可以通过本书迅速提高数码照片处理水平。

本书配有电子课件、项目素材等配套资源,还配有二维码视频,可扫二维码观看,为读者学习本书提供参考。

图书在版编目(CIP)数据

Photoshop职业应用项目教程/张毅娴,刘银冬主编. —2版.
—北京:机械工业出版社,2017.11(2022.6重印)
电脑美术设计与制作职业应用项目教程
ISBN 978-7-111-57915-1

Ⅰ. ①P… Ⅱ. ①张… ②刘… Ⅲ. ①图像处理软件—教材

Ⅳ. ①TP391.413

中国版本图书馆CIP数据核字(2017)第217916号

机械工业出版社(北京市百万庄大街22号 邮政编码100037)
策划编辑:梁 伟 责任编辑:梁 伟 徐梦然
责任校对:马立婷 封面设计:鞠 杨
责任印制:常天培

固安县铭成印刷有限公司印刷

2022年6月第2版第7次印刷
184mm×260mm · 10印张 · 228千字
标准书号:ISBN 978-7-111-57915-1
定价:33.00元

电话服务　　　　　　　网络服务

客服电话:010-88361066　机 工 官 网:www.cmpbook.com

　　　　　010-88379833　机 工 官 博:weibo.com/cmp1952

　　　　　010-68326294　金 书 网:www.golden-book.com

封底无防伪标均为盗版　机工教育服务网:www.cmpedu.com

关于"十三五"职业教育国家规划教材的出版说明

2019年10月，教育部职业教育与成人教育司颁布了《关于组织开展"十三五"职业教育国家规划教材建设工作的通知》（教职成司函〔2019〕94号），正式启动"十三五"职业教育国家规划教材遴选、建设工作。我社按照通知要求，积极认真组织相关申报工作，对照申报原则和条件，组织专门力量对教材的思想性、科学性、适宜性进行全面审核把关，遴选了一批突出职业教育特色、反映新技术发展、满足行业需求的教材进行申报。经单位申报、形式审查、专家评审、面向社会公示等严格程序，2020年12月教育部办公厅正式公布了"十三五"职业教育国家规划教材（以下简称"十三五"国规教材）书目，同时要求各教材编写单位、主编和出版单位要注重吸收产业升级和行业发展的新知识、新技术、新工艺、新方法，对入选的"十三五"国规教材内容进行每年动态更新完善，并不断丰富相应数字化教学资源，提供优质服务。

经过严格的遴选程序，机械工业出版社共有227种教材获评为"十三五"国规教材。按照教育部相关要求，机械工业出版社将坚持以习近平新时代中国特色社会主义思想为指导，积极贯彻党中央、国务院关于加强和改进新形势下大中小学教材建设的意见，严格落实《国家职业教育改革实施方案》《职业院校教材管理办法》的具体要求，秉承机械工业出版社传播工业技术、工匠技能、工业文化的使命担当，配备业务水平过硬的编审力量，加强与编写团队的沟通，持续加强"十三五"国规教材的建设工作，扎实推进习近平新时代中国特色社会主义思想进课程教材，全面落实立德树人根本任务。同时突显职业教育类型特征，遵循技术技能人才成长规律和学生身心发展规律，落实根据行业发展和教学需求及时对教材内容进行更新的要求；充分发挥信息技术的作用，不断丰富完善数字化教学资源，不断提升教材质量，确保优质教材进课堂；通过线上线下多种方式组织教师培训，为广大专业教师提供教材及教学资源的使用方法培训及交流平台。

教材建设需要各方面的共同努力，也欢迎相关使用院校的师生反馈教材使用意见和建议，我们将组织力量进行认真研究，在后续重印及再版时吸收改进，联系电话：010-88379375，联系邮箱：cmpgaozhi@sina.com。

机械工业出版社

第2版前言

《Photoshop职业应用项目教程 第2版》建立在作者多年的教学经验上，依据学习者的认知习惯，将Photoshop的知识点按职业应用项目由浅入深地进行有机分解与重新建构。

本书打破了传统的工具书式的写法，以图像处理的实际工作过程为主线，采用真实项目呈现出各个工作过程中用到的知识、技能、经验、技巧，以简短精练的工作案例深入讲解了图像后期处理的各种基础知识、流程和专业技法，重点培养读者的学习能力和操作能力。同时，本书将Photoshop的知识点依据工作中的使用频度与难易程度进行解构与重建，有机地融合在各任务中，通过学习本书读者既能掌握Photoshop面对各类设计的技巧，同时又能对Photoshop的知识点建立立体的认识。

为落实立德树人的教育根本任务，本书在选用案例时，将中华优秀传统文化等思政教育元素融入课程，在培养学生实际工作能力的过程中实现价值引领。

本书共8个单元，25个具体任务，各部分的具体内容如下：

单元1　快速开始Photoshop之旅，通过简单实用的任务迅速熟悉Photoshop软件的界面及常用操作。

单元2　人像修饰技巧，重点讲述人像的修饰方法与技巧。

单元3　校正图像曝光与色彩，重点讲述如何使用Photoshop软件进行图片色彩校正。

单元4　打造流行色彩，重点讲述图片调色技巧。

单元5　图像合成与拼接，重点讲述图像合成的相关技巧。

单元6　智能手机App界面设计，针对目前流行的界面设计，重点讲述相关技巧。

单元7　多彩滤镜，讲述常见的滤镜特效。

单元8　做出精彩设计，介绍综合设计案例。

本书适合作为职业院校信息技术类与艺术类专业的Photoshop课程学习用书，也可以为热爱Photoshop图像处理的读者提供学习参考。

本书由张毅娴和刘银冬任主编，田华、杨银燕、杨永攀、初勇和蔡少婷任副主编，参加编写的还有李建勋、赵鹏、王鑫、崔菁菁、孙元立、王悦、李静丽、顾晓俭、段霞、任大伟和向欣。

由于作者水平有限，书中疏漏和不足之处在所难免，还请广大读者不吝赐教。

编　者

第1版前言

Photoshop是Adobe公司开发的具有强大图像处理功能的专业图像处理软件，也是广告设计中不可或缺的图像处理软件。

本书使用最新版本Photoshop CS3版，一改传统的手册性写法，不是简单地对功能进行罗列和概述，而是重点强调实用，突出实例，注重操作。书中实例由"任务情境"、"任务分析"、"任务实施"、"触类旁通"四个部分组成。这样布局的优点在于，通过"任务情境"使读者在对每个实例的最终效果产生感性认识，并激发兴趣的前提下，由"任务分析"分析归纳设计思路，最后通过"触类旁通"达到举一反三、活学活用的效果。在"任务分析"中穿插了很多Photoshop操作技巧和设计思路，提高了读者面对实际工作流程的Photoshop应用技能。而"触类旁通"中的技能延伸则开拓了读者的思路，加强了读者在实际工作中灵活处理图片的能力。

本书依据Photoshop的不同应用分为8章。第1章从实用的角度讲述了Photoshop的应用领域和基础操作，为后面的学习打下了坚实的基础。第2章针对不同的图片，由浅入深地讲述了多种实用抠图方法，在学习案例的同时，使读者对Photoshop的常规操作技能提升到一个新的高度。第3章将商业设计中大量的修图技能集合在一起，通过不同的应用场景讲述了如何进行专业的商业修图。第4章针对流行的调色风格，分门别类地进行了讲述，主要针对商业设计中的照片调色、广告图片色调风格的变换。第5章为读者提供了大量的合成实例，穿插了大量的Photoshop技巧、画面设计思路。通过完成第5章的学习，相信读者此时再使用Photoshop进行图片的处理及创意应该是游刃有余了。第6章通过实例讲解了常见的滤镜特效，其中对于特效制作的思路分析向读者提供了一个举一反三的经验。第7章通过两个案例着重讲解了Photoshop在网页设计中的工作流程与一般方法。第8章是商业广告案例，通过产品包装设计、手提袋设计、广告海报设计将学习的重点由Photoshop技能综合运用引向了商业设计流程与商业设计画面的美感把握。通过以上这些章节的学习，使读者能够具备成为一名Photoshop专业图像处理人员的能力，同时也能熟悉掌握实际工作流程和对技巧的灵活运用。

为方便老师教学和学生学习，本书还配有电子课件和项目素材，读者可到机械工业出版社网站www.cmpedu.com上注册后免费下载。

本书由刘银冬主编，苏燕副主编。许朝霞主审。参加本书编写的还有张毅娴、田华、杨银燕、王鑫、李建勋、赵鹏、黄振宇、张虎、王伟、曹清。对于他们的帮助与支持，在此谨致谢意。

由于时间仓促，书中难免存在一些疏漏和不当之处，希望广大读者能够提出宝贵意见。

编　者

二维码清单

序号	任务名称	图形	序号	任务名称	图形
1	使用多种选区工具制作宣传招贴		4	使用磁性套索工具换背景	
2	利用多边形套索工具选择照片		5	利用边缘检测抠取头发	
3	去除面部瑕疵		6	实战案例：使用"裁剪工具"调整画面构图	

目　录

单元 **1**
快速开始Photoshop之旅

 **单元情境**

　　Photoshop是Adobe公司旗下的一款著名图像处理软件，它集图像扫描、修整、调色、创意合成于一体，既广泛应用在电影、视频、广告、出版、摄影等专业设计领域，在日常生活中也有越来越多的人开始使用Photoshop进行图像处理。本章将从简单实用的案例着手，快速开始Photoshop的学习之旅。

 **单元概要**

　　Photoshop是一个大型的图像处理软件，在本单元中，将采用和日常应用息息相关的小案例学习Photoshop的一些实用技巧，如修改图片尺寸、修改倾斜照片、虚化照片背景、修复照片瑕疵、制作一寸照等，在这个过程中逐步了解软件界面和常用操作。

单元学习目标

　　通过本单元学习，将初步熟悉Photoshop软件的界面分布；掌握图像文件的新建、打开和存储相关知识点；了解分辨率和图像大小的设置；能够对图片进行简单的变换、缩放、旋转编辑；初步理解Photoshop图层的概念。

任务1　制作网络头像

任务情境

　　在浏览交互类网站时，很多人喜欢上传图片和网友交流。让人头疼的是，很多图片因尺寸太大而受到限制，这时就需要对图片的尺寸或格式进行修改。修改图片尺寸与文件大小是一项比较常用的技能，下面学习如何修改图片的大小。

任务实施

1）执行菜单栏中的"文件"→"打开"命令，打开单元1中的素材"图像尺寸调整.jpg"，如图1-1所示。在上网时依据网站上传图片限制，需要将它调整到网站所要求的200px宽度。

图 1-1

温馨提示

若把图片放大到一定倍数，会发现图片其实是由许多色彩相近的小方块所组成的，这就是构成影像的最小单元——像素。像素是组成图像的基本单位，而由像素组成的图像又称为像素图或位图。像素不是图片打印或印刷时的实际尺寸，而是与屏幕分辨率相关的图片屏幕显示尺寸，常与分辨率一起来表示图像的清晰度。

2）执行菜单栏中的"图像"→"图像大小"命令，打开"图像大小"对话框，如图1-2所示。

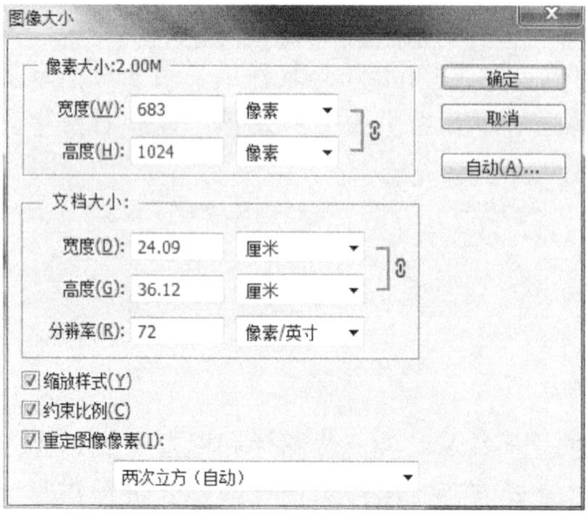

图 1-2

"图像大小"对话框分为3个选项区，即"像素大小""文档大小"和3个复选框。勾选"约束比例"复选框后，文档的宽高比例将被锁定，通常用来保持图片的比例不变形。勾选"重定图像像素"复选框，才能修改图片的像素尺寸。凡是需要在屏幕上显示的图片，在修改尺寸时，要在"像素大小"选项区中进行修改。

3）基于本例中网站要求图片宽度为200px，故将"图像大小"对话框中"像素大小"选项区中的"宽度"改为"200px"。注意对话框中的"约束比例"与"重定图像像素"两个复选框要保持勾选状态，如图1-3所示。通过观察对话框可以发现，文件大小由原来的2MB变为现在的175.7KB，现在发现修改图片的尺寸同样会影响到图片文件的大小。当取消勾选"重定图像像素"复选框时，更改图片尺寸便不会影响图片的文件大小。

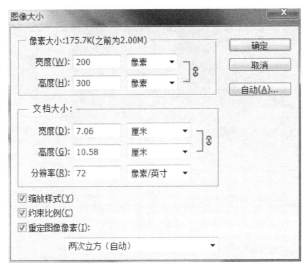

图　1-3

如何判断图片是否适合印刷，以及图片印刷的尺寸为多大可以保持清晰？

打开需要用作印刷的素材图，执行菜单栏中的"图像"→"图像大小"命令，在打开的对话框中取消勾选"重定图像像素"复选框，将分辨率改为印刷所需的300dpi。这时，"像素大小"选项区将变为灰色，即不可改动状态，"文档大小"选项区中的宽度与高度就是该图在印刷时保持清晰度的最大尺寸。在设计印刷作品时，打开标尺并将标尺单位设定为"厘米"，素材图的大小按之前的"图像大小"命令中的尺寸进行缩放，即可基本保持印刷的清晰度。网络上的图片，通常为了传输速度而经过色彩压缩，有一定的失真，即使尺寸合适，也尽量不要作为印刷素材图使用。

4）执行菜单栏中的"文件"→"存储为"命令，打开"存储为"对话框，在格式选择下拉列表框中选择JPEG格式存储即可。若对图片文件大小要求比较苛刻，要求文件非常小，而"存储为"命令所存储的图片大小太大，这时可以执行菜单栏中的"文件"→"存储为Web所用格式"命令，打开"存储为Web所用格式"对话框，在对话框中选择"JPEG"选项，存储后的文件会更小一些，如图1-4所示。

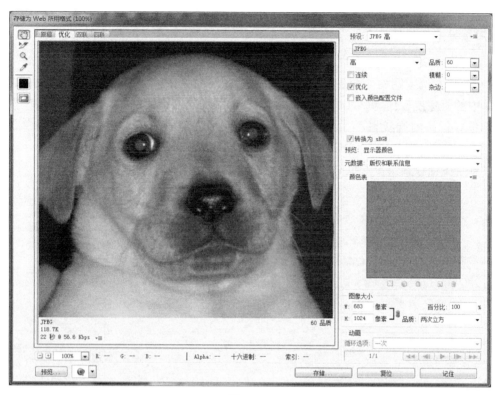

图　1-4

温馨提示

　　常用文件存储格式：PSD文件格式是Photoshop软件的默认存储格式，它支持所有的Photoshop功能，并且可以保留图层、通道、路径等信息以便再次编辑，文件较大。TIF文件格式是一种支持跨平台的文件格式，常见于印刷用图，支持部分Photoshop信息，文件较大。JPG文件格式是目前应用最广泛的数字图片格式之一，文件较小且色彩逼真，缺点是不支持透明。GIF格式是网络应用最广泛的图片格式之一，文件非常小，色彩数量少，常用于网页Logo、页面元素和网页缩微图片，支持透明。

任务拓展

　　请将本任务中的素材修改为300px，文件大小不超过25KB。

提示

　　在"存储为Web所用格式"对话框中选择"JPEG"选项后，可以调整品质选项，进一步修改文件大小。

任务总结

　　通过对本任务的学习，了解像素与分辨率的基本概念，了解常用文件格式的区别，掌握使用"图像大小"命令与"存储为Web所用格式"命令结合修改图片尺寸与文件大小的方法。

任务2 修正倾斜照片

任务情境

在日常生活中，许多精彩的照片由于拍摄时照相机没有持平，导致拍摄内容倾斜，影响观看。在Photoshop软件中只需要简单的几步操作便可将倾斜照片调整为正常照片，调整倾斜照片的前后对比如图1-5所示。

图 1-5

任务实施

1）执行菜单栏中的"文件"→"打开"命令，打开单元1中的素材"倾斜照片.jpg"。按<Ctrl+R>快捷键打开标尺，并从横标尺中拖出一根水平参考线，可以明显看出照片有一定的倾斜度，如图1-6所示。

图 1-6

温馨提示

如何判断图片是倾斜的？判断图片是否倾斜，要分两种情况：

① 照片拍摄时，照相机在拍摄景物的正面方向，这时要选取照片中的水平线条进行观察，用水平参考线来判断。

② 照片拍摄时，照相机在拍摄景物的斜侧方向，这时要选取照片中的垂直线条进行观察，用垂直参考线来衡量。

2）使用工具箱中裁剪工具 ![]，将鼠标移动到裁剪框的一角，沿着图片倾斜的反方向旋转剪切框，直到照片中的横梁与之前的水平参考线平行为止，如图1-7所示。

3）双击裁剪区域，或按键盘上的<Enter>键完成图像的裁剪，如图1-8所示。

图　1-7

图　1-8

任务拓展

在日常生活中，由于照相机镜头因素造成拍摄照片的透视关系不正常，如图1-9所示，如何调整这类照片呢？

图　1-9

① 在Photoshop软件中打开该图，选择工具箱中的透视裁剪工具 ，从图片左上角向右下角拖动，使透视裁剪框覆盖整个图片，如图1-10所示。

② 将鼠标放在图片右上角，向左拖动透视裁剪框，使透视裁剪框右侧边框与柱子边线平行，如图1-11所示。

图　1-10

图　1-11

提示

③ 双击裁剪区域，或按<Enter>键完成图像的裁剪，最终效果如图1-12所示。

图　1-12

任务总结

通过对任务2的学习，掌握倾斜图片的调整技巧，掌握Photoshop软件中裁剪工具与透视裁剪工具的使用，初步了解标尺与参考线的使用。

任务3　制作水中倒影

任务情境

使用Photoshop软件处理图片最为擅长的是"无中生有"，在本任务中，通过为风景图片增加水中倒影使图片更具有观赏性。修饰前与修饰后对比如图1-13所示。

图　1-13

任务实施

1）执行菜单栏中的"文件"→"打开"命令，打开单元1中的素材"制作水中倒影.jpg"。选择工具栏中的矩形选框工具，将图中的山、轮船与天空创建选区，按<Ctrl+J>快捷键复制背景图层所选区域，得到图层1，如图1-14所示。

图　1-14

2）执行菜单栏中的"编辑"→"变换"→"垂直翻转"命令，将图层1垂直翻转，并将其移动到水面区域，作为倒影素材，如图1-15所示。

图　1-15

3）按照水中倒影一般色彩饱和度较低的日常经验，执行菜单栏中的"图像"→"调整"→"色相饱和度"命令，在"色相/饱和度"对话框中将图层1的"饱和度"设置为"-50"，单击"确定"按钮，如图1-16所示。

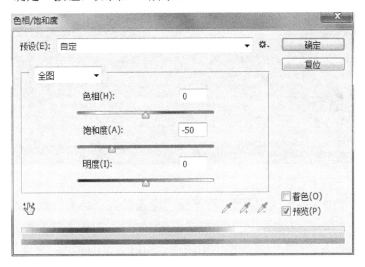

图 1-16

4）为图层1添加图层蒙版。选择工具箱中的渐变工具，将工具选项中的渐变类型设置为线性渐变。打开渐变编辑器，选择由前景到透明的渐变色，如图1-17所示。在图层1蒙版中，从图片底部到岸边拖动渐变，效果如图1-18所示。

图 1-17

图　1-18

5）选择工具箱中的画笔工具 ，将不透明度设置为"40"，继续编辑蒙版，将倒影中山的边缘隐藏，如图1-19所示。在"图层"面板中将图层1的不透明度设置为"40"，将画笔的不透明度设置为"20"，使用略大的画笔在山的倒影上涂抹，如图1-20所示。

图　1-19

图　1-20

6）选择图层1，执行"图像"→"调整"→"曲线"命令，"曲线"对话框的设置如图1-21所示。单击"确定"按钮完成水中倒影的制作，效果如图1-22所示。

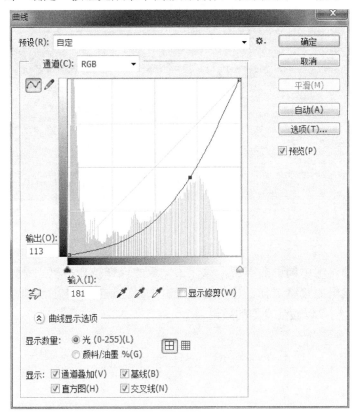

图　1-21

图　1-22

任务拓展

利用本任务中学习的技巧对以下照片进行制作水中倒影的尝试，如图1-23所示。

图　1-23

任务总结

　　本任务通过制作水中倒影的案例，深化了蒙版的操作技巧，重点是蒙版操作中工具的参数设置和蒙版编辑的策略选择，这些必须通过大量的练习才能熟练地把握其中的分寸，使得蒙版的制作达到"以假乱真"的效果。

任务4　修正照片瑕疵

任务情境

　　对于图像中不满意的瑕疵，如风景照片中突兀的旅游者、地面的垃圾、建筑物上的涂鸦，甚至是网上下载图片上的文字水印，难倒了许多初学者。在本任务中，将使用并不"高深"的Photoshop技巧，轻松去除图片瑕疵，瑕疵修复前后的效果对比如图1-24所示。

图　1-24

任务实施

　　1）执行菜单栏中的"文件"→"打开"命令，打开单元1中的素材"照片瑕疵.jpg"。

可以看到海岸礁石风景中有一个旅游者，如何让其从风景中消失是本任务的重点。选择工具箱中的矩形选框工具 ，做出一个矩形选区将人物及倒影完全包含在内，如图1-25所示。

2）执行菜单栏中的"编辑"→"填充"命令，在"填充"对话框的"使用"下拉列表框中选择"内容识别"选项，如图1-26所示。

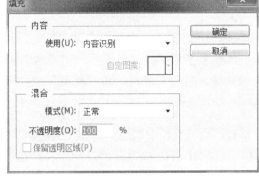

图　1-25　　　　　　　　　　　　　　　　图　1-26

3）单击"确定"按钮完成填充，可以发现图中的人物消失了，原人物所在区域被周围的环境填充了，几乎看不出人为痕迹，效果如图1-27所示。

图　1-27

4）按<Ctrl++>快捷键，放大视图，仔细观察刚才修改过的区域，可以发现在原矩形选区附近还是能够看到一些隐隐约约生硬的线条，这是由于清晰的选区边缘造成的结果。打开"历史记录"面板，如图1-28所示，撤回到图片的原始状态，重新进行编辑。

图　1-28

执行菜单栏中的"视图"→"放大"命令，可以增加图像的显示比例，或按<Ctrl+ +>快捷键。执行菜单栏中的"视图"→"缩小"命令，可以缩小图像的显示比例，或按<Ctrl+ –>快捷键。

5）选择工具箱中的矩形选框工具，做出一个刚好将人物及倒影完全包含在内的矩形选区，按<Shift+F6>快捷键，打开"羽化选区"对话框，将"羽化半径"设置为"2"，如图1-29所示。

图　1-29

6）执行菜单栏中的"编辑"→"填充"命令，在"填充"对话框的"使用"下拉列表框中选择"内容识别"选项。再次观察人物区域，可以发现修改区域改善了很多，效果如图1-30所示。

图　1-30

羽化通常和选区结合使用，可以使选区的边缘更加自然柔和，使得选区边缘与周围像素融合得更加自然。

任务拓展

使用本任务中的"填充"结合"羽化"命令，将以下素材图中的人物除去，如图1-31所示。

图 1-31

任务总结

"填充"命令中的内容识别功能简单实用，应对一般图片瑕疵已经足够，对于细节要求较高的修图并不适用，如人物脸部精修时需要精细把握脸部骨骼和肌肉走向；具有强烈重复规律的图片，如栏杆、网格等。这些情况就需要使用修复类工具，依靠使用者的长期修图经验，综合进行处理。

任务5 一寸照片排版

任务情境

生活中常常有急需一寸照片而又来不及拍摄的情况，这时如果能够使用Photoshop软件将已有照片修改为一寸照并打印出来，将十分方便。在本任务中，将使用普通照片制作一寸照片，并进行排版，效果如图1-32所示。

图 1-32

任务实施

1）执行菜单栏中的"文件"→"打开"命令，打开单元1中的素材"一寸照人物.jpg"，使用工具箱中的矩形选框工具，选择人物的头部区域，如图1-33所示。

图 1-33

2）执行菜单栏中的"文件"→"打开"命令，打开单元1中的素材"一寸照背景女.psd"，将一寸照人物中的矩形选区复制到"一寸照背景女.psd"文件中，得到图层1。在"图层"面板中将图层1放在"衣服"图层下面，如图1-34所示。

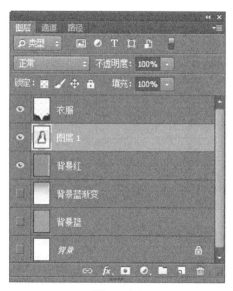

图 1-34

3）按<Ctrl+T>快捷键，对图层1中的人物进行放大操作，注意观察让人物脖子宽度和衣领宽度相匹配，如图1-35所示。

图　1-35

4）选择工具箱中的快速选择工具，在人物的背景部分单击建立选区，如图1-36所示。在快速选择工具的选项栏中单击调整边缘按钮，在"调整边缘"对话框中将"半径"设置为"1.0像素"，"平滑"设置为"20"，"羽化"设置为"1.0像素"，"对比度"设置为"20%"，如图1-37所示。

图　1-36

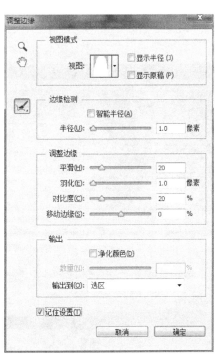

图　1-37

5）按<Ctrl+Shift+I>快捷键，将选区反转，得到人物的选区，并为该选区添加图层蒙版，效果如图1-38所示。

6）选择工具箱中的画笔工具 ，将画笔的硬度设置为"80"，不透明度为"100%"。在蒙版中，依据头发的起伏将人物图片上残存的背景擦去，如图1-39所示。

图 1-38

图 1-39

7）为将人物脸部细节表达得更清晰一些。对图层1执行菜单栏中的"滤镜"→"锐化"→"智能锐化"命令，在"智能锐化"对话框中设置"数量"为"100%"，"半径"为"2.0像素"，"减少杂色"为"40%"，如图1-40所示。

8）执行菜单栏中的"图像"→"画布大小"命令，在"画布大小"对话框中设置"宽度"和"高度"均为"0.4厘米"，如图1-41所示。此时照片周围添加了一圈白色边框。

图 1-40

图 1-41

9）执行菜单栏中的"编辑"→"定义图案"命令，将做好的一寸照片存储为图案，如图1-42所示。

图 1-42

10）执行菜单栏中的"文件"→"新建"命令，在"新建"对话框中设置文件"宽度"为"11.6厘米"，"高度"为"7.8厘米"，"分辨率"为"300像素/英寸"，如图1-43所示。

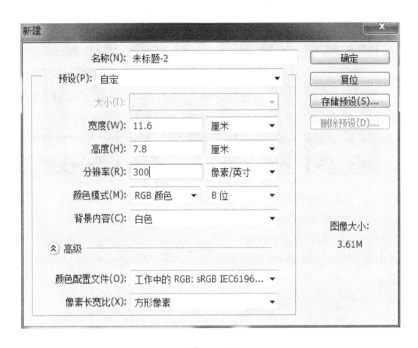

图 1-43

11）执行菜单栏中的"编辑"→"填充"命令，在对话框中选择使用图案填充，在"自定图案"下拉列表框中选择刚才定义的图案，并单击"确定"按钮，如图1-44所示。

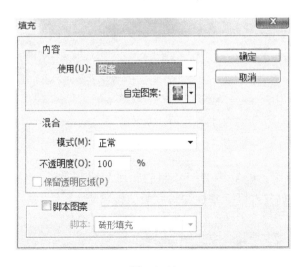

图 1-44

12）最终效果如图1-45所示。

图　1-45

任务拓展

使用本任务中学习的方法，为以下照片制作一寸照并排版，如图1-46所示。

图　1-46

任务总结

通过对本任务的学习，能够掌握一寸照的制作与排版方法，熟悉Photoshop软件的界面，并会用简单的工具创建选区，掌握编辑蒙版的技巧等。

单元 2
人像修饰技巧

 **单元情境**

时尚商业人像摄影中，人物是拍摄的主题，人物的情绪与状态以及服装是表达目的。人脸虽然面积很小，但是其所占的视觉比重永远是最大的，人像摄影作品中人物的头部就是重点。研究人像修图，先从头部说起。

单元概要

由于光线、光源、环境、照相机等因素的影响，有时候照片和想象中的有些偏差，本单元主要讲述在不同情况下照片的修饰调整以及处理技巧。通过本章的学习，可以让大家学会在不同的情况下如何调整照片，同时减少照片的废弃率，提高照片质量。

单元学习目标

通过本单元的学习，可以掌握人像摄影面部修饰技巧、体型修饰方法以及如何使用钢笔工具为照片添加装饰。

任务1 牙齿美白

任务情境

本任务给出的素材为牙齿有瑕疵的人像摄影，用作人物形象宣传不够美观。通过选区建立调整图层进行局部牙齿美白。修饰前与修饰后的对比如图2-1所示。

图 2-1

任务实施

1）执行菜单栏中的"文件"→"打开"命令，打开单元2中的素材"牙齿美白.jpg"。按<Ctrl+J>快捷键复制背景，得到图层1，如图2-2所示。

2）使用工具箱中的缩放工具🔍将人物局部放大，使用多边形套索工具✏制作牙齿选区，如图2-3所示。

图 2-2

图 2-3

3）执行"选择"→"修改"→"羽化"命令，适当羽化选区，如图2-4和图2-5所示。

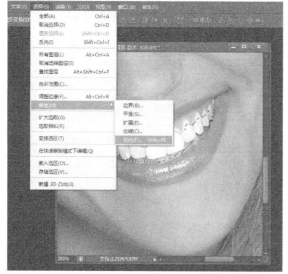

图 2-4

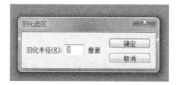

图 2-5

4）得到羽化选区，如图2-6所示。

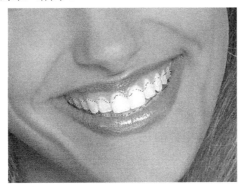

图 2-6

5）单击"图层"面板下方的建立调整图层按钮 ，建立"色相/饱和度"调整图层，降低黄色饱和度，如图2-7和图2-8所示。

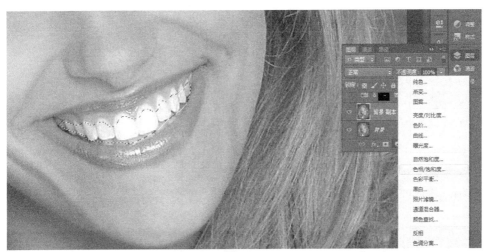

图 2-7

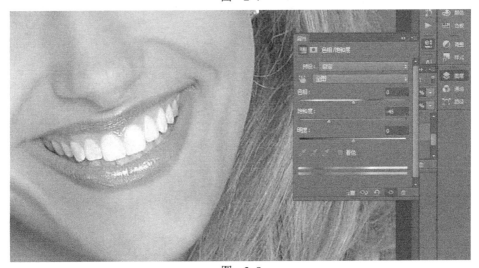

图 2-8

6）按下<Ctrl>键的同时单击"色相/饱和度"的图层蒙版缩览图，载入选区，如图2-9所示。

7）建立"色阶"调整图层，调整色阶滑块达到理想效果，如图2-10和图2-11所示。

8）使用同样的方法，按下<Ctrl>键的同时单击"色阶"的图层蒙版缩览图，载入选区，建立"曲线"调整图层，如图2-12所示。

9）调整曲线使牙齿阴影部分表现自然，如图2-13所示。

10）恢复图片视图比例，选中色阶图层，整体调整色阶填充透明度，如图2-14和图2-15所示，使牙齿颜色亮白、自然，得到最终效果。

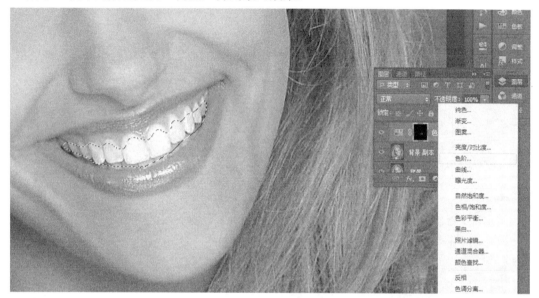

图 2-9

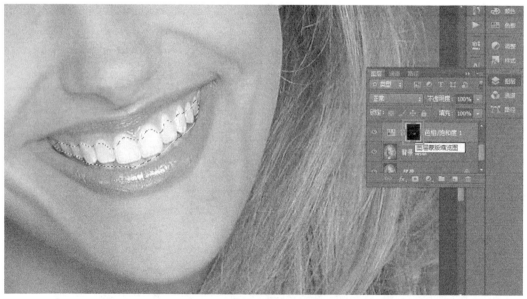

图 2-10

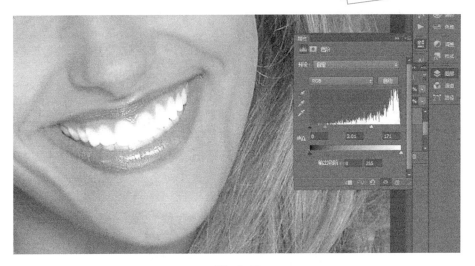

图 2-11

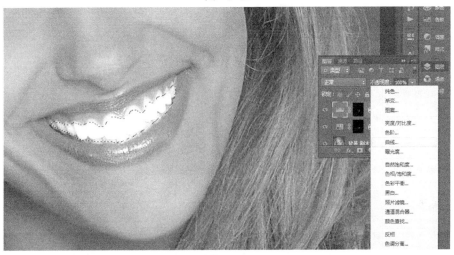

图 2-12

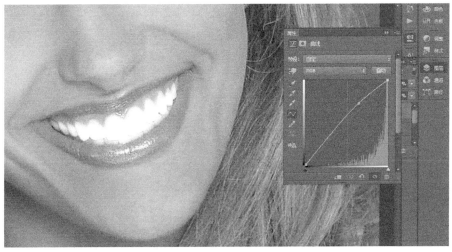

图 2-13

图　2-14　　　　　　　　　　　　　　　图　2-15

11）最终效果欣赏如图2-16所示。

图　2-16

任务拓展

使用本任务中的方法对以下写真照片进行牙齿美白的调整，如图2-17所示。

图　2-17

任务总结

通过对本任务的学习，掌握羽化工具及色相/饱和度、色阶、曲线调整图层的方法，为人像进行牙齿美白修饰。

任务2 皮肤修饰

任务情境

对于磨皮要求不严格的人来说，图层蒙版操作显得复杂，本任务给出的素材为面部皮肤不细致的人像摄影，通过将高斯模糊与历史记录有效结合进行皮肤修饰。修饰前与修饰后的对比如图2-18所示。

图 2-18

任务实施

1）执行菜单栏中的"文件"→"打开"命令，打开单元2中的素材"皮肤修饰.jpg"。可以发现皮肤瑕疵较多，影响整体美观。按<Ctrl+J>快捷键复制背景图层，得到图层1，如图2-19所示。

2）使用修补工具 和仿制图章工具 去除人像皮肤上较大的瑕疵，如图2-20所示。

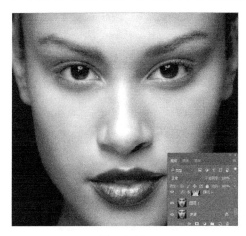

图　2-19

图　2-20

3）按<Ctrl+Alt+2>快捷键提取高光选区，如图2-21所示。

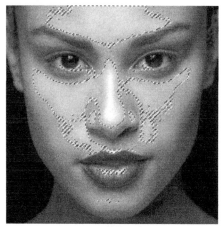

图 2-21

4）按<Ctrl+Shift+I>快捷键反选选区后，建立"曲线"调整图层，如图2-22所示。调整曲线，提亮暗部区域，如图2-23所示。

图 2-22

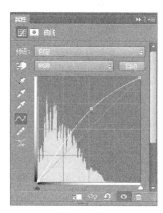

图 2-23

5）将前景色设置为黑色 ，使用画笔工具 涂抹图层蒙版缩览图的人像背景部分，恢复原来的背景效果，如图2-24所示。

6）按<Ctrl+Alt+Shift+E>快捷键，盖印可见图层，得到图层2，如图2-25所示。

图 2-24

图 2-25

7）执行"滤镜"→"模糊"→"高斯模糊"命令，如图2-26所示。"高斯模糊"对话框中的设置如图2-27所示。打散色块，起到磨皮的作用。模糊效果如图2-28所示。

8）执行"窗口"→"历史记录"命令，打开"历史记录"面板，设置"盖印可见图层"为历史画笔的源，如图2-29所示。

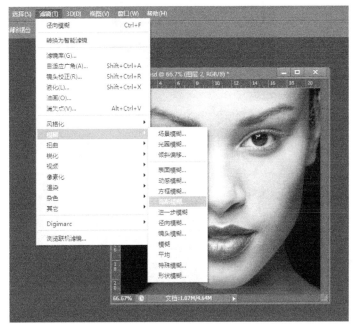

图 2-26

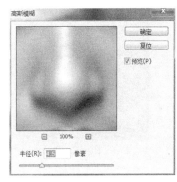

图 2-27

图 2-28

图 2-29

9）选择历史记录画笔工具 ，设置不透明度为"30%"，大小为"73"（画笔大小可随需要调整），硬度为"0"，如图2-30所示，然后在人像五官处涂抹，使五官清晰起来。最后效果如图2-31所示。

10）建立"色相/饱和度"调整图层，如图2-32所示。打开"色相/饱和度"对话框，参数设置如图2-33所示。降低饱和度后的效果如图2-34所示。

图 2-30   图 2-31

图 2-32   图 2-33   图 2-34

温馨提示

　　从大多数人像修图经验来看，低饱和度的人像摄影更耐看，更值得回味，这就是为什么在任务实施中有降低饱和度这一步骤。

　　11）建立"可选颜色"调整图层，如图2-35所示。增加图像灰部色调，使人物更具细节感，参数设置如图2-36所示。设置不透明度为85%，最后效果如图2-37所示。

图 2-35   图 2-36   图 2-37

12）建立"色阶"调整图层，如图2-38所示。调整色阶滑块，提亮亮部，加重暗部，使人物立体感更强，达到满意的效果，如图2-39和图2-40所示。

13）最终效果欣赏如图2-41所示。

图 2-38

图 2-39

图 2-40

图 2-41

任务拓展

使用本任务中的方法对以下摄影照片进行皮肤修饰，如图2-42所示。

图 2-42

任务总结

通过对本任务的学习，掌握修补工具、仿制图章工具、历史记录画笔工具的使用方法；深化学习曲线、色相/饱和度、可选颜色、色阶调整图层的使用方法，为人像进行皮肤修饰。

任务3　为照片添加装饰

任务情境

如果对照片的装饰性有要求，而前期拍摄不能满足的时候，就需要使用Photoshop软件做后期处理。本任务给出的素材照片比较淡雅，通过添加装饰来增强画面的意境感。修饰前与修饰后的对比如图2-43所示。

图　2-43

任务实施

1）执行菜单栏中的"文件"→"打开"命令，打开单元2中的素材"添加装饰.jpg"，如图2-44所示。

2）使用钢笔工具 在照片左侧位置绘制一个有尖角的椭圆闭合路径，如图2-45所示。

图　2-44

图　2-45

3）使用同样的方法继续绘制路径，注意控制路径的走向，形状尽量圆润，以此作为蝴蝶翅膀的大轮廓，如图2-46和图2-47所示。

图　2-46　　　　　　　　　　　　图　2-47

4）按<Ctrl++>快捷键，放大视图，绘制不规则路径，以此作为蝴蝶的头部，如图2-48和图2-49所示。注意，头部和翅膀的距离要紧凑。

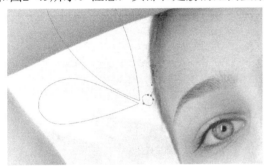 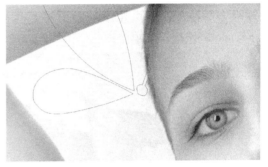

图　2-48　　　　　　　　　　　　图　2-49

温馨提示

钢笔工具的使用规律是通过锚点连接路径，单击确定起点锚点，落下一个锚点时，单击则出现直线路径，长按并拖曳出现曲线路径。制作曲线路径时，注意拖曳的角度和距离，以达到所需的曲线效果。最后一个锚点落于起点锚点处，整个路径为闭合路径，否则为开放路径。

5）继续绘制柔和的长条状路径作为蝴蝶的身体，如图2-50所示。此时蝴蝶整体轮廓绘制完毕。按<Ctrl+->快捷键恢复视图，效果如图2-51所示。

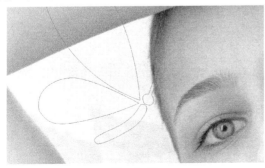 

图　2-50　　　　　　　　　　　　图　2-51

6）新建图层，得到图层1。按<Ctrl+Enter>快捷键将路径转化为选区，如图2-52所示。将前景色设置为蓝色，色值为（C：68，M：12，Y：7，K：0）。按<Alt+Delete>快捷键为选区填充前景色，如图2-53所示。

图　2-52　　　　　　　　　　　　　　　　图　2-53

7）按<Ctrl+D>快捷键取消选区。按<Ctrl++>快捷键放大视图，继续使用钢笔工具 ✎ 为蝴蝶翅膀添加纹饰，如图2-54所示。新建图层，得到图层2，设置前景色为白色，按<Alt+Delete>快捷键，填充白色，如图2-55所示。

图　2-54　　　　　　　　　　　　　　　　图　2-55

8）新建图层，得到图层3。使用椭圆选框工具 ⬭ 得到一个椭圆选区并填充为白色，如图2-56所示。

9）按<Ctrl+T>快捷键旋转椭圆至合适位置，按<Enter>键确定，按<Ctrl+D>快捷键取消选区，如图2-57所示。

图　2-56　　　　　　　　　　　　　　　　图　2-57

10）按下<Ctrl>键的同时单击图层3缩览图，使选区再次出现，使用椭圆选框工具下移选区，如图2-58和图2-59所示。

图　2-58

图　2-59

11）按<Delete>键删除选区内的蓝色，按<Ctrl+D>快捷键取消选区，得到月牙形图案，按<Ctrl+T>快捷键适当调整位置，如图2-60和图2-61所示。

图　2-60

图　2-61

12）新建图层，得到图层4。使用椭圆选框工具，按下<Shift>键的同时拖动鼠标，绘制圆形选区并填充白色，如图2-62所示。使用同样的方法绘制出其他圆形并调整好位置，如图2-63所示。

图　2-62

图　2-63

✎ 温馨提示

> 每一次填充颜色之前要新建图层，以保证每个圆形分别在独立的图层，方便调整圆形的大小和位置。

13）使用同样的方法为蝴蝶的另一片翅膀绘制花纹，如图2-64所示。

14）单击选中图层1，按下<Ctrl>键的同时单击图层1缩览图，载入蝴蝶轮廓选区，如图2-65所示。将前景色设置为深蓝色，背景色设置为浅蓝色，色值分别为（C：93，M：69，Y：48，K：8）、（C：68，M：12，Y：7，K：0）。使用渐变工具■，按照红色箭头的方向拖曳，为选区填充径向渐变，如图2-66所示。

图　2-64

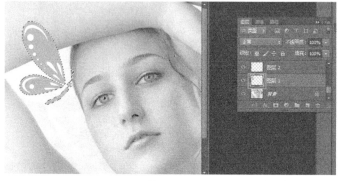

图　2-65

图　2-66

15）按<Ctrl+D>快捷键取消选区并选中所有图层（背景层除外），单击"链接图层"将蝴蝶所有图层链接，如图2-67所示。使用移动工具将蝴蝶放置在人物额头处，蝴蝶颜色与人物眼睛颜色互相映衬，提高照片装饰性能。

16）最终效果欣赏如图2-68所示。

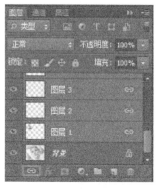

图　2-67

图　2-68

任务拓展

使用本任务中学习的方法，使用钢笔工具绘制路径为以下照片添加装饰，如图2-69所示。

图 2-69

任务总结

通过对本任务的学习，掌握钢笔工具的使用方法，理解路径的概念，学会使用路径自主为照片添加合适的装饰。

单元 3
校正图像曝光与色彩

单元情境

对摄影来说，除了环境和人物以外，光线也是必不可少的外界条件之一。光线可以直接影响色彩，室内摄影可以人工补光，外景摄影中光线的调整就比较被动了。Photoshop软件拥有强大的图像调色功能，可以有效地改变局部和整体色彩，使图像"变废为宝"。作为设计师，无论身处哪个领域都要熟练掌握Photoshop调色工具，把视觉效果处理到最佳状态。

单元概要

本单元主要通过照片对比的方式展示Photoshop能够帮助用户解决曝光和调色问题，解决原始照片的颜色缺陷，根据创作意图改变图像整体或局部的颜色或改变图片的意境。

单元学习目标

通过本单元的学习，继续深化调整图层的使用方法，掌握Photoshop调色功能的运用，解决照片实际的色彩问题。

任务1 让图像亮起来

任务情境

本任务中所给素材是一张人物外景照片，原照片拍摄时曝光不足，光线昏暗，所以要通过调整让图片明亮清新，综合运用多种调色工具美化图片色彩。调整前与调整后的对比如图3-1所示。

图　3-1

任务实施

1）执行菜单栏中的"文件"→"打开"命令，打开单元3中的素材"让图像亮起来.jpg"。按<Ctrl+J>快捷键复制背景，得到图层1，如图3-2所示。

2）单击"图层"面板下方的创建新的填充或调整图层按钮，建立"曲线"调整图层，调整曲线，将图像画面调亮，如图3-3和图3-4所示。效果如图3-5所示。

图　3-2

图　3-3

图　3-4

图　3-5

3）建立"色阶"调整图层，如图3-6所示。调整参数，使画面整体变亮，如图3-7所示。

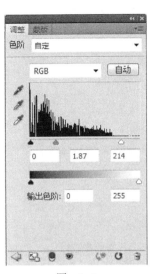

图　3-6　　　　　　　　　　　　　　　图　3-7

温馨提示

使用"色阶"进行调整，可以平衡图像的对比度、饱和度及灰度，可以修复原图像中暗淡的色调。

4）打开"色阶"属性面板，选择"绿"通道，调整滑块，加强图像中的绿色色调，如图3-8所示。

5）打开"色阶"属性面板，选择"蓝"通道，调整滑块，加强图像中的蓝色色调，如图3-9所示。

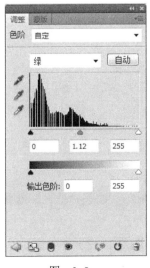

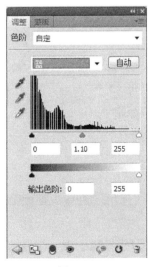

图　3-8　　　　　　　　　　　　　　　图　3-9

6）建立"亮度/对比度1"调整图层，如图3-10所示。调整参数，增强画面对比度，如图3-11所示。

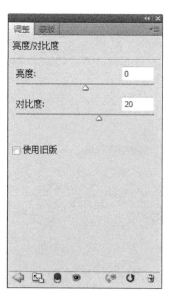

图 3-10　　　　　　　　　　　　图 3-11

7）建立"色相/饱和度1"调整图层，如图3-12所示。选择"黄色"，调整参数，增加画面的黄色饱和度，如图3-13所示。

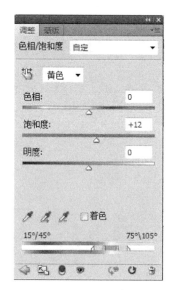

图 3-12　　　　　　　　　　　　图 3-13

8）仍然在"色相/饱和度"属性面板，选择"全图"，调整参数，降低整体饱和度，使画面清新自然，如图3-14所示。

9）单击选中图层1，按<Ctrl+J>快捷键复制图层1，得到图层1副本。执行"滤镜"→"其他"→"高反差保留"命令，如图3-15所示。"高反差保留"对话框中的参数设置如图3-16所示。

图 3-14

图 3-15

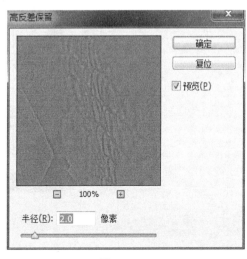

图 3-16

10）选择图层混合模式为"柔光"，柔和画面色彩，如图3-17和图3-18所示。

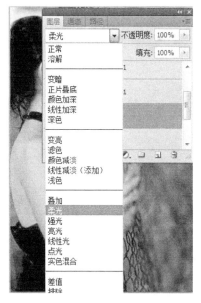

图 3-17

图 3-18

温馨提示

　　"高反差保留"滤镜可以通过删除亮度过度变化的部分图像，保留色彩变化最大的部分，使图像中的阴影消失而突出亮点，与浮雕效果类似。

　　11）最终效果如图3-19所示。

图 3-19

任务拓展

　　使用本任务中学习的方法对以下摄影照片进行色彩调整，使其明亮起来，如图3-20所示。

图 3-20

任务总结

通过对本任务的学习，掌握为画面调色的方法，使用"亮度/对比度"调整图层和"色阶"调整图层等为色彩暗淡的摄影照片进行调整。

任务2 压暗曝光还原图像本来面目

任务情境

本任务给出的素材为曝光过度的室外摄影照片，光线过于强烈的时候容易出现这样的拍摄失误。如果只因曝光过度就将照片弃之不用未免可惜，Photoshop软件可以对图像进行压暗曝光的调整，使其"变废为宝"。调整前与调整后的对比如图3-21所示。

图 3-21

任务实施

1）执行菜单栏中的"文件"→"打开"命令，打开单元3中的素材"压暗曝光.jpg"。按<Ctrl+J>快捷键复制背景，得到图层1，如图3-22所示。

图 3-22

2）打开"通道"面板，分别单击查看红、绿、蓝3色通道，发现红通道内有大块白斑，而其他两色通道正常，如图3-23～图3-25所示。确定红通道需要调整。

图 3-23

图 3-24

图 3-25

3）单击RGB混合通道恢复图像色彩，返回"图层"面板。使用套锁工具 勾选图像中曝光过度的红色区域，如图3-26所示。

图 3-26

4）执行"选择"→"修改"→"羽化"命令，羽化选区，如图3-27和图3-28所示。得到羽化选区，如图3-29所示。

图 3-27

图 3-28

图 3-29

5）添加"通道混合器"调整图层，如图3-30所示。"输出通道"选择"红"，参数调整如图3-31所示。

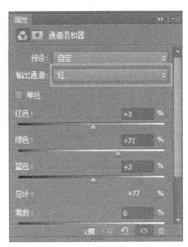

图　3-30　　　　　　　　　　　　　　　图　3-31

6）达到理想效果，如图3-32所示。

图　3-32

温馨提示

通过观察通道发现红通道异常，所以在使用"通道混合器"调整输出的通道选择"红"。如果在调整之后仍然发现有剩余的曝光过度的部分，可以选中"通道混合器"图层蒙版缩览图，将前景色设置为白色，使用画笔工具在曝光过度的部分进行涂抹，以达到理想效果。

7）最终效果欣赏如图3-33所示。

图　3-33

任务拓展

使用本任务中学习的方法对以下曝光过度的图像进行调整，如图3-34所示。

图　3-34

任务总结

通过对本任务的学习，掌握"通道混合器"调整图层的使用方法，掌握曝光过度图像的调整方法。

任务3　校正灰蒙蒙的景色

任务情境

风景照片的拍摄对外界光线有着较高的要求，如果在日常拍摄中，因曝光不足而导致图像色彩饱和度欠缺，呈现出灰蒙蒙的景色，同样也可以用Photoshop软件进行调整，达到明亮鲜艳的视觉效果。调整前与调整后的对比如图3-35所示。

图 3-35

任务实施

1）执行菜单栏中的"文件"→"打开"命令，打开单元3中的素材"校正灰蒙蒙的景色.jpg"。可以发现图像整体灰暗，视觉上给人感觉压抑。按<Ctrl+J>快捷键复制背景图层，得到图层1，如图3-36所示。

图 3-36

2）建立"曲线1"调整图层，整体提亮，如图3-37和图3-38所示。

3）建立"选取颜色1"调整图层，如图3-39所示。分别针对"黄色"和"绿色"进行调整，参数设置如图3-40和图3-41所示。

图 3-37

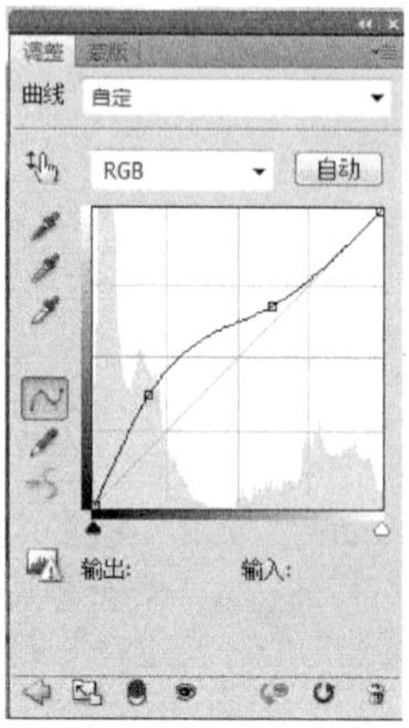

图 3-38

图 3-39

图 3-40

图 3-41

4）建立"色相/饱和度1"调整图层，如图3-42所示。提高图像饱和度，参数设置如图3-43所示。

图 3-42　　　　　　　　　　　　　　　　　图 3-43

5）建立"照片滤镜"调整图层，如图3-44所示。单击"颜色"按钮，在拾色器中选取照片滤镜颜色，色值及其他参数设置如图3-45所示。

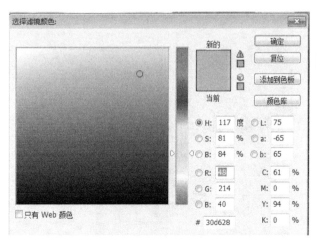

图 3-44　　　　　　　　　　　　　　　　　图 3-45

6）使用套索工具勾选图像天空部分，如图3-46所示。

7）执行"选择"→"修改"→"羽化"命令，羽化选区，如图3-47和图3-48所示。羽化效果如图3-49所示。

图 3-46

取消选择
选择反向
羽化...
调整边缘...
存储选区...
建立工作路径...
通过拷贝的图层
通过剪切的图层
新建图层...
自由变换
变换选区
填充...
描边...
上次滤镜操作
渐隐...

图 3-47

图 3-48

图 3-49

8）建立"色彩平衡"调整图层，如图3-50所示。在"调整"面板中选中"中间调"单选按钮，调整各参数，使天空颜色明快鲜艳，达到满意效果，如图3-51所示。

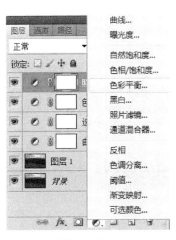

图 3-50

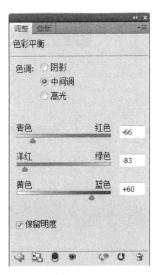

图 3-51

9）最终效果欣赏如图3-52所示。

图　3-52

任务拓展

使用本任务中学习的方法对以下灰蒙蒙的摄影照片进行颜色校正，如图3-53所示。

图　3-53

任务总结

通过对本任务的学习，掌握新知识"照片滤镜"调整图层的使用方法，校正灰暗的风景图像。

任务4　改变局部色彩

任务情境

本任务中所给素材是一张植物花卉图像，通过"色相/饱和度"调色方法，改变花卉颜色。调整前与调整后的对比如图3-54所示。

图 3-54

任务实施

1）执行菜单栏中的"文件"→"打开"命令，打开单元3中的素材"改变局部色彩.jpg"，按<Ctrl+J>快捷键，得到图层1，如图3-55所示。

2）执行菜单栏中的"窗口"→"调整"命令，弹出"调整"面板，如图3-56所示。单击创建新的色相/饱和度调整图层按钮，勾选"着色"复选框，调节参数，如图3-57所示。单击工具箱中的画笔工具，设置前景色为黑色，对叶子进行擦拭，如图3-58所示。靠近花朵位置，将工具选项栏中的不透明度降低，如图3-59所示。对花朵附近的叶子进行擦拭，如图3-60所示。降低不透明度，如图3-61所示。对花瓣外侧及花蕾进行擦拭，花朵层次感增强，如图3-62所示。

图 3-55

图 3-56

图 3-57

图 3-58

图 3-59

图 3-60

图 3-61

图 3-62

任务拓展

使用本任务中的"色相/饱和度"调色方法对以下风景照片进行调色,如图3-63所示。

图 3-63

任务总结

通过对本任务的学习,掌握"色相/饱和度"调色方法,使照片颜色达到想要的色调。

单元 4

打造流行色彩

 单元情境

　　色彩作为视觉信息，无时无刻不影响着人们的生活，美妙的色彩刺激感染着人们的视觉和心理。色彩作为摄影中极其重要的视觉元素，一直以来在营造场景氛围、表现人物的情感、丰富画面叙事功能、加强画面真实感和美感等方面都起到了关键的作用。然而，有时拍摄出的摄影作品并不能完美地体现所需要的色彩，这时就需要对摄影作品进行调整。

 单元概要

　　无论是自然风光还是艺术写真，我们都希望拍摄出清晰自然、颜色亮丽的效果，但是受客观条件的影响，有些照片总是有些差强人意，这时就需要通过各种调色方法对照片进行调整，以达到完美的效果。

 单元学习目标

　　通过对本单元的学习，可以掌握自然风光、艺术写真、婚纱摄影等的实用调色方法，以及通过Lab通道实现的最新调色方法。

任务1　Lab通道调色

任务情境

　　本任务中所给素材是一张风景照，需将它应用于风景区宣传册中，但是照片本身颜色稍显暗淡，对比不够强烈，通过Lab通道调色方法，实现蓝天白云、绿树红花、波光粼粼的效果，这样应用于风景区宣传册中，更能吸引游人的目光。调整前与调整后的对比如图4-1所示。

图 4-1

任务实施

1）执行菜单栏中的"文件"→"新建"命令，打开单元4中的素材"1.jpg"，按<Ctrl+J>快捷键，得到图层1，如图4-2所示。

图 4-2

2）执行菜单栏中的"图像"→"模式"→"Lab颜色"命令，弹出如图4-3所示的对话框，单击"不拼合"按钮，将素材"1.jpg"转换为Lab模式，如图4-4所示。

3）将图层1拖曳至"图层"面板下方的创建新图层按钮 上，得到图层1副本，如图4-5所示。

4）打开通道调板，选择b通道，执行"图像"→"调整"→"曲线"命令，打开"曲线"对话框，调节参数，如图4-6所示。

图 4-3

图 4-4

图 4-5

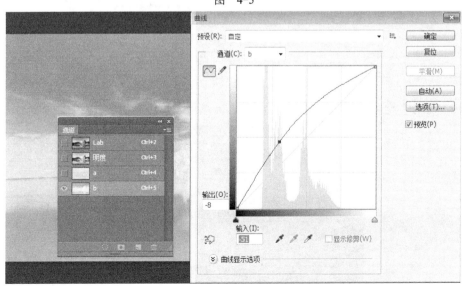

图 4-6

63

5）调整完成后，选择"通道"面板中的Lab通道，图像颜色发生变化，如图4-7所示。

图 4-7

6）选择"图层"面板，单击图层1副本，将图层1副本的混合模式设置为"柔光"，图像颜色发生变化，最终效果如图4-8所示。

图 4-8

任务拓展

使用本任务中学习的Lab通道调色方法对以下风景照片进行调色，如图4-9所示。

图 4-9

任务总结

通过对本任务的学习，掌握Lab通道调色方法，通道的使用方法，以及Photoshop软件中关于颜色模式的概念。

任务2 甜美人像

任务情境

本任务中所给素材是一张艺术写真，但是照片本身的颜色偏暗，色调偏冷，不够青春靓丽。通过调色，达到色彩柔和明亮、甜美自然的效果。调整前与调整后的对比如图4-10所示。

图 4-10

任务实施

1）执行菜单栏中的"文件"→"打开"命令，打开单元4中的素材"2.jpg"，按<Ctrl+J>快捷键，得到图层1。

2）执行菜单栏中的"窗口"→"调整"命令，打开"调整"面板，如图4-11所示，单击创建新的可选颜色调整图层按钮 ，调节参数，如图4-12～图4-15所示。

图 4-11

图　4-12

图　4-13

图　4-14

图　4-15

3）执行菜单栏中的"窗口"→"调整"命令，打开"调整"面板，单击创建新的曝光度调整图层按钮，调节参数，如图4-16所示。单击工具箱中的画笔工具，设置前景色为黑色，在蒙版上对背景树木进行擦拭，只改变人物亮度，背景保持不变，如图4-17所示。

图　4-16

图　4-17

66

4）单击"图层"面板下方的创建新图层按钮，得到图层2，设置前景色为"fa98fe"，按<Alt+Delete>快捷键，填充前景色，设置图层混合模式为"柔光"，如图4-18所示。单击"图层"面板下方的添加图层蒙板按钮，单击工具箱中的画笔工具，设置前景色为黑色，在蒙版上进行擦拭，如图4-19所示。

图 4-18　　　　　　　　　　　　　　图 4-19

5）单击"图层"面板下方的创建新图层按钮，得到图层3，设置前景色为"#fffcae"，按<Alt+Delete>快捷键，填充前景色，设置图层混合模式为"正片叠底"，如图4-20所示。单击"图层"面板下方的添加图层蒙板按钮，为图层3添加图层蒙版，单击工具箱中的画笔工具，设置前景色为黑色，擦拭背景树木，如图4-21所示。单击工具选项栏，设置画笔的不透明度，如图4-22所示。对人物进行擦拭，如图4-23所示。

图 4-20　　　　　　　　　　　　　　图 4-21

图　4-22

图　4-23

6）执行菜单栏中的"窗口"→"调整"命令，打开"调整"面板，单击创建新的曲线调整图层按钮，调节参数，如图4-24和图4-25示。单击工具箱中的画笔工具，设置前景色为黑色，在蒙版上擦拭人物，如图4-26所示。

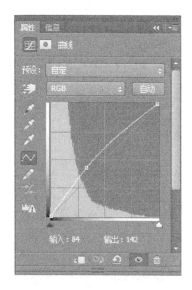

图　4-24

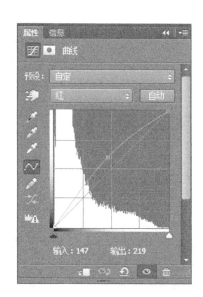

图　4-25

图 4-26

7）执行菜单栏中的"窗口"→"调整"命令，打开"调整"面板，单击创建新的亮度/对比度调整图层按钮，调节参数。单击工具箱中的画笔工具，设置前景色为黑色，在蒙版上擦拭人物，如图4-27所示。最终效果如图4-28所示。

图 4-27

图 4-28

任务拓展

使用本任务中的调色方法对以下人物照片进行调色，如图4-29所示。

图 4-29

任务总结

通过对本任务的学习，掌握甜美人像的调色方法，使画面更加丰富。

任务3 清新黄绿色

任务情境

本任务中所给素材是一张婚纱照，需将它应用于新婚夫妻的画册中，但是照片本身受到拍摄条件的限制，背景不明亮，色彩对比较弱，通过调色方法，以达到背景的清新鲜艳、花红草绿、清新自然的效果。这样应用于相册中，让新人们留下最美好的爱情记忆。调整前与调整后的对比如图4-30所示。

图 4-30

任务实施

1）执行菜单栏中的"文件"→"打开"命令，打开单元4中的素材"3.jpg"，按<Ctrl+J>快捷键，得到图层1，如图4-31所示。

图 4-31

2）执行菜单栏中的"窗口"→"调整"命令，打开"调整"面板，单击创建新的可选颜色调整图层按钮，调节参数，如图4-32和图4-33所示。单击工具箱中的画笔工具，设置前景色为黑色，单击工具选项栏，设置不透明度，如图4-34所示。在蒙版上对人物进行擦拭，如图4-35所示。

图 4-32

图 4-33

图 4-34

图 4-35

3）执行菜单栏中的"窗口"→"调整"命令，打开"调整"面板，单击创建新的曲线调整图层按钮 ，调节参数，如图4-36所示。单击工具箱中的画笔工具 ，设置前景色为黑色 ，单击工具选项栏，设置不透明度，如图4-37所示。在蒙版上对人物进行擦拭，如图4-38所示。

图 4-36

模式：正常　　不透明度：70%

图 4-37

73

图 4-38

4）执行菜单栏中的"窗口"→"调整"命令，打开"调整"面板，单击创建新的色阶调整图层按钮，调节参数，如图4-39所示。单击工具箱中的画笔工具，设置前景色为黑色，在蒙版上对人物进行擦拭，如图4-40所示。

图 4-39

图　4-40

任务拓展

　　使用本任务中的调色方法对以下婚纱照片进行调色，如图4-41所示。

图　4-41

任务总结

　　通过对本任务的学习，掌握使用曲线、色阶等对婚纱照片颜色进行调整，以达到满意的效果。

任务4 浪 漫 秋 景

任务情境

在拍摄户外风景照的时候，因为光线很难统一，自然界的颜色比较复杂，所以照片看上去不均匀。在后期处理的时候，可以让水更蓝，让树木丢掉传统的绿色，让橘红色充满画面，表现特殊的意境。调整前与调整后的对比如图4-42所示。

图 4-42

任务实施

1）执行菜单栏中的"文件"→"打开"命令，打开单元4中的素材"4.jpg"，如图4-43所示。

图 4-43

2）执行菜单栏中的"窗口"→"调整"命令，打开"调整"面板，单击创建新的曝光度调整图层按钮，调节参数，如图4-44所示。单击工具箱中的画笔工具，设置前景色为黑

色 ，留出左侧树木部分，对风景其他位置进行擦拭，使树木部分变亮，如图4-45所示。

图　4-44　　　　　　　　　　　　　图　4-45

3）执行菜单栏中的"窗口"→"调整"命令，打开"调整"面板，单击创建新的曲线调整图层按钮 ，调节参数，如图4-46所示。

图　4-46

4）执行菜单栏中的"窗口"→"调整"命令，打开"调整"面板，单击创建新的可选颜色调整图层按钮 ，调节参数，如图4-47～图4-49所示。

5）执行菜单栏中的"窗口"→"调整"命令，打开"调整"面板，单击创建新的色相/饱和度调整图层按钮，调节参数，如图4-50所示。单击工具箱中的画笔工具，设置前景色为黑色，用黑色画笔擦拭除水面以外的位置，使水面颜色发生变化，如图4-51所示。

图 4-47

图 4-48

图　4-49

图　4-50

图　4-51

6）执行菜单栏中的"窗口"→"调整"命令，打开"调整"面板，单击创建新的曲线调整图层按钮 ，调节参数，如图4-52所示。单击工具箱中的画笔工具 ，设置前景色为黑色，擦拭除水面以外的位置，使水面变亮，如图4-53所示。

图　4-52

图　4-53

7）执行菜单栏中的"窗口"→"调整"命令，打开"调整"面板，单击创建新的色彩平衡调整图层按钮，调节参数，如图4-54～图4-56所示。单击工具箱中的画笔工具，设置前景色为黑色，擦拭除水面以外的位置，使水面变得更蓝，如图4-57所示。

图　4-54

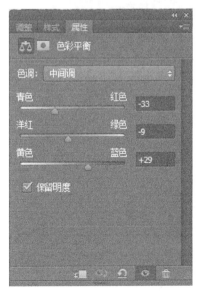

图　4-55

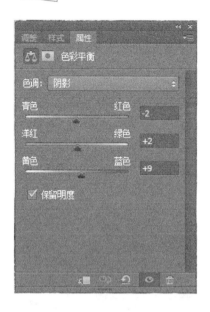

图　4-56

图　4-57

8）执行菜单栏中的"窗口"→"调整"命令，打开"调整"面板，单击创建新的色阶调整图层按钮▇▇，调节参数，如图4-58所示。单击工具箱中的画笔工具▇，设置前景色为黑色，擦拭除水面以外的位置，使水面变得更亮，如图4-59所示。

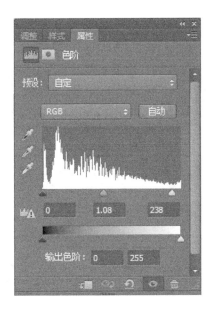

图　4-58

图　4-59

任务拓展

使用本任务中的调色方法对以下风景照片进行调色，如图4-60所示。

图 4-60

任务总结

通过对本任务的学习，掌握色相/饱和度、色彩平衡的使用方法，掌握树木和水面等风景照片的调色方法。

单元 5
图像合成与拼接

单元情境

数码时代，对设计的要求越来越高。同样的风景，同样的人物，通过Photoshop后期制作可以赋予这些图片新的生命和更深层次的情感。通过图像的合成拼接，我们可以穿越太空、跨过海洋，可以制作出许多令人惊艳的效果。

单元概要

生活中几张平凡无奇的图片，我们总喜欢赋予它们新的生命。通过对图片的处理，让它产生不一样的视觉效果。本单元中，将利用多种方法对图像进行修饰、合成和拼接，让图片焕发新的光彩。

单元学习目标

通过本单元的学习，读者可以熟练掌握蒙版的使用技巧，巩固之前所学的调色方法。

任务1　风景照片的合成

任务情境

本任务是要制作一幅描述城市的宣传海报，所给的素材是一张城市高楼的图片，景物效果普通、颜色稍显灰暗，与海报的主题不相符合。因此，在这里加入两张新的图片，通过对照片的后期处理合成，制作成一幅具有时代气息的、色彩丰富、布局合理的海报。调整前与调整后的对比如图5-1所示。

图　5-1

任务实施

1）执行菜单栏中的"文件"→"新建"命令，在弹出的"新建"对话框中设置各参数及选项，如图5-2所示。

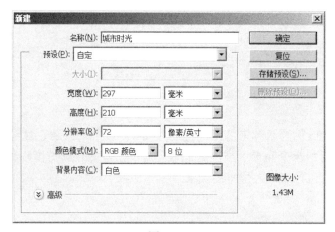

图　5-2

2）执行菜单栏中的"文件"→"打开"命令，打开单元5中的素材"1.jpg"，使用移动工具将素材1移动到"城市时光"文件上，得到图层1，效果如图5-3所示。

图　5-3

3）选择图层1并按<Ctrl+J>快捷键，将"图层1"复制，生成新图层"图层1　副本"，如图5-4所示。

图5-4

4）执行菜单栏中的"编辑"→"变换"→"水平翻转"命令，将图层1副本水平翻转，然后将图层向左侧平移5.75cm，效果如图5-5所示。

图　5-5

5）保持图层1副本的选中状态，在"图层"面板上方，将混合模式设置为"强光"，效果如图5-6所示。

图　5-6

6）执行菜单栏中的"文件"→"打开"命令，打开单元5中的素材"2.jpg"，使用移动工具 将素材2移动到"城市时光"文件上，得到图层2，并把素材2适当缩小以适应当前图像大小，效果如图5-7所示。

7）在"图层"面板上方，将"图层2"的混合模式设置为"叠加"，效果如图5-8所示。

8）单击"图层"面板下方的添加图层蒙版按钮 ，为图层2添加图层蒙版，单击工具箱中的画笔工具 ，设置前景色为黑色，画笔流量设置为60%，如图5-9所示。利用蒙版把天空以外的部分隐藏，效果如图5-10所示。

9）执行菜单栏中的"文件"→"打开"命令，打开单元5中的素材"3.jpg"，使用移动工具 将素材3移动到"城市时光"文件上，得到图层3，把图层3适当放大以适应当前图像大小，并移动图层3到图5-11所示的位置。

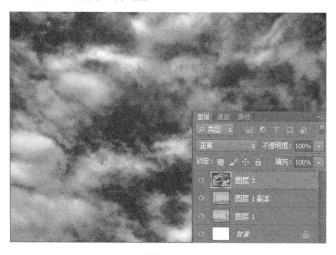

图　5-7

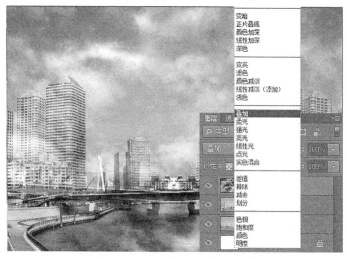

图　5-8

图　5-9

图　5-10

图　5-11

10）单击"图层"面板下方的添加图层蒙版按钮█，为图层3添加图层蒙版，单击工具箱中的画笔工具█，设置前景色为"黑色"█，画笔流量设置为"60%"，把公路以外的部分隐藏，效果如图5-12所示。

图　5-12

11）单击"图层"面板中的创建新组按钮█，创建组1，单击工具箱中的横排文字工具█，输入文字"城，市，时光，City Time"，排列方式如图5-13所示。

12）在"图层"面板上方，将"组1"的混合模式设置为"叠加"，效果如图5-14所示。

13）在"图层"面板上，双击"组1"，打开其"图层样式"对话框，为文字添加"投影"效果，设置如图5-15所示。

图 5-13

图 5-14

图 5-15

任务拓展

为图5-16所示图片添加美丽的云彩。

图 5-16

任务总结

通过对本任务的学习，掌握蒙版的使用技巧，熟练运用图层的混合模式制作出其不意的效果，掌握Photoshop软件中图层样式的添加方法。

任务2 科幻与现实

任务情境

一个平面设计公司接到新的设计任务，要制作一幅描述未来科幻世界的图像。本任务提供的素材就是一些现实生活中的自然照片，以及利用3D等其他软件制作的简单模型。设计者需要用这些仅有的素材制作出描述未来的图像，让整个画面协调自然，色彩丰富，有震撼的视觉效果，把大家带入想象中的科幻世界。

任务实施

1）执行菜单栏中的"文件"→"新建"命令，在弹出的"新建"对话框中设置各参数及选项，如图5-17所示。

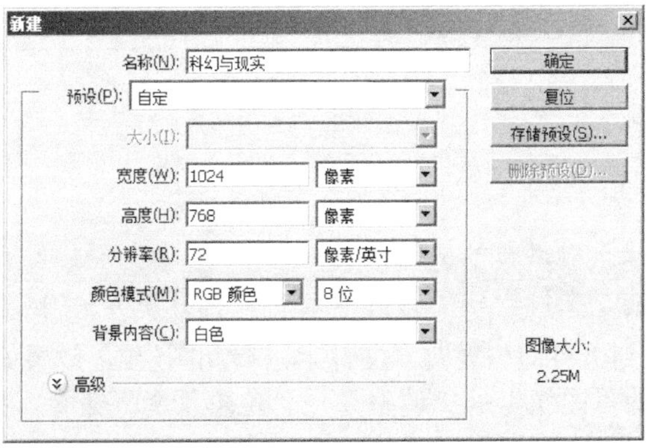

图 5-17

2）执行菜单栏中的"文件"→"打开"命令，打开单元5中的素材"4.jpg"，使用移动工具 ![移动工具] 将素材1移动到"科幻与现实"文件上，得到图层1，并把素材1适当缩小以适应当前图像大小，效果如图5-18所示。

图　5-18

3）执行菜单栏中的"图像"→"调整"→"色相/饱和度"命令，打开"色相/饱和度"对话框，调节参数，如图5-19所示。

图　5-19

温馨提示

　　打开"色相/饱和度"对话框的快捷键是<Ctrl+U>。

4）执行菜单栏中的"文件"→"打开"命令，打开单元5中的素材"5.jpg"，使用移动工具 ![移动工具] 将素材2移动到"科幻与现实"文件上，得到图层2，效果如图5-20所示。

5）执行菜单栏中的"图像"→"调整"→"色彩平衡"命令，打开"色彩平衡"对话框，调节中间调的参数，如图5-21所示。

图 5-20

图 5-21

温馨提示

打开"色彩平衡"对话框的快捷键是<Ctrl+B>。

6）选择高光部分，调整参数如图5-22所示。

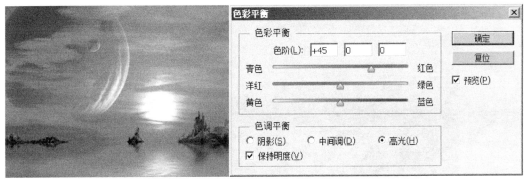

图 5-22

7）单击"图层"面板下方的添加图层蒙版按钮█，为图层2添加图层蒙版，单击工具箱中的渐变工具█，单击工具选项栏中的渐变编辑器按钮█，打开渐变编辑器，如图5-23所示，设置黑白渐变，按照图5-24所示的效果为图层2蒙版填充渐变，最终得到图5-25所示的效果。

图 5-23

图 5-24

图　5-25

8）在"图层"面板上方，将"图层2"的混合模式设置为"叠加"，效果如图5-26所示。

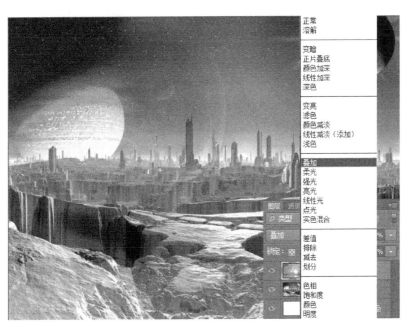

图　5-26

9）执行菜单栏中的"文件"→"打开"命令，打开单元5中的素材"6.jpg"，使用移动工具 将素材3移动到"科幻与现实"文件上，得到图层3，把图层3适当放大以适应当前图像大小，并移动图层3到图5-27所示的位置。

10）单击矩形选框工具 ，选择图层3中的一部分，按<Ctrl+J>快捷键进行复制，生成一个新的图层4，效果如图5-28所示。

图 5-27

图 5-28

温馨提示

按<Ctrl+J>快捷键执行的是一个复合动作，即复制+新建。

如果有选区，则代表复制选区的内容，然后粘贴到一个新建图层的对应位置。如果没有选区，则代表复制当前图层。

它与<Ctrl+V>快捷键的区别是，按<Ctrl+V>快捷键执行的操作是把物体的中心对齐图像中心，然后粘贴到当前图层，而它是原图像在哪里就粘贴到哪里，并且是粘贴在新图层里。

11）按下<Ctrl>键并单击图层4的缩览图，选中图层4的选区，在图层3上删除该选区的部分，即把图层3上的原图分为两个图层显示出来，如图5-29所示。

12）按<Ctrl+T>快捷键，把图层3缩放并旋转至图5-30所示的位置。

13）在"图层"面板上方，将图层3和图层4的混合模式设置为"叠加"，如图5-31所示。

14）单击"图层"面板下方的添加图层蒙版按钮，为图层3和图层4添加图层蒙版，单击工具箱中的画笔工具，设置前景色为黑色，画笔不透明度设置为"45%"，流量设置为"60%"，如图5-32所示。把图层中多余的部分隐藏，效果如图5-33所示。

图 5-29　　　　　　　　　　　　图 5-30

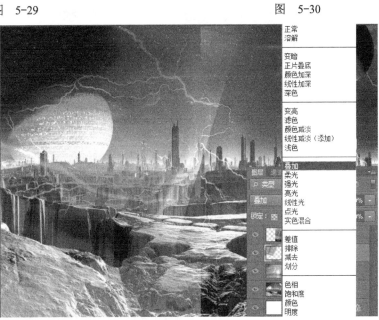

图 5-31

图 5-32

图 5-33

15）执行菜单栏中的"文件"→"打开"命令，打开单元5中的素材"7.jpg"，使用移动工具 将素材4移动到"科幻与现实"文件上，得到图层5，效果如图5-34所示。

图 5-34

16）单击"图层"面板下方的添加图层蒙版按钮，为图层5添加图层蒙版，单击工具箱中的渐变工具，单击工具选项栏中的渐变编辑器按钮，打开渐变编辑器，如图5-35所示，在蒙版中添加黑白渐变，最终得到图5-36所示的效果。

图 5-35

图 5-36

17）执行菜单栏中的"文件"→"打开"命令，打开单元5中的素材"8.jpg"，使用移动工具 将素材5移动到"科幻与现实"文件上，得到图层6，效果如图5-37所示。

18）单击橡皮工具，把图层6中除概念车以外的其他内容擦除，效果如图5-38所示。

图　5-37

图　5-38

任务拓展

仿照图5-39所示的效果，制作树叶上的交通工具。

图　5-39

任务总结

通过对本任务的学习，进一步掌握蒙版的使用技巧，并应用单元4中的调色命令修改图片色调，以打造出梦幻般的效果，同时牢记图层复制和填充渐变的方法。

单元 **6**
智能手机App界面设计

 **单元情境**

风起云涌的高科技时代，智能终端的普及不仅推动了移动互联网的发展，也带来了移动应用的爆炸式增长。智能手机已经成为生活的必需品之一，而智能手机的普及推动了手机App应用的发展。

 单元概要

智能手机的用户界面及体验受到使用者越来越多的关注，如何能够让用户使用得更加流畅，更加舒适，其中App设计就作为最为迫切的需求，推到了每个设计者面前。通过对本单元的学习，可以快速掌握用户界面、按钮、控件的制作方法。

 单元学习目标

本单元主要是利用Photoshop软件强大的功能来制作手机App应用。从最基础的UI界面开始，通过循序渐进的方式逐一介绍关于App应用的知识。通过对本单元的学习，读者可以了解关于App和UI的概念，学习制作美观、简洁、方便的用户界面、按钮及控件。

任务1　绘制用户界面

任务情境

用户界面是否美观，直接影响着使用者的心情，进而影响其对软件的直接印象。界面中功能菜单的布局是否合理、是否符合大众的使用习惯，直接影响着使用者对此软件的喜爱与否。首先让使用者喜欢上界面，才会促使其去了解软件中强大的功能，因此，界面的布局是非常重要的。通过Photoshop软件的强大功能来设计一款美观的用户界面是本任务的主要目标。

任务实施

1）执行菜单栏中的"文件"→"新建"命令，在弹出的"新建"对话框中设置各参数及选项，如图6-1所示。

2）单击"图层"面板下方的创建新图层按钮█，得到图层1，设置前景色为黑色█，按<Alt+Delete>快捷键，为图层填充黑色，如图6-2所示。

3）执行菜单栏中的"文件"→"打开"命令，打开单元5中的素材"1.jpg"，使用移动工具█将素材1移动到"用户界面"文件上，得到图层2，效果如图6-3所示。

图　6-1

图　6-2

图　6-3

4）单击"图层"面板下方的添加图层蒙版按钮█，为图层2添加图层蒙版，单击工具箱中的渐变工具█，单击工具选项栏中的渐变编辑器按钮█，打开渐变编辑器，如图6-4所示，设置黑白渐变，为图层2蒙版填充渐变，得到图6-5所示的效果。

图　6-4

图　6-5

5）单击"图层"面板中的创建新组按钮█，创建组1，单击工具箱中的横排文字工具，输入文字"City，Life，北京，城市生活，排列方式"，如图6-6所示。

6）单击"图层"面板下方的创建新图层按钮，在组1中创建新图层，得到图层3，单击工具箱中的椭圆选框工具，按下<Shift>键的同时拖动鼠标，绘制圆形选区，设置前景色为白色，按<Alt+Delete>快捷键，为圆形选区填充白色。按下<Alt>键的同时移动鼠标，重复5次，复制出另外5个白色圆形，按<Ctrl+D>快捷键取消选区，效果如图6-7所示。

7）单击"图层"面板中的创建新组按钮，创建组2，单击"图层"面板下方的创建新图层按钮，在组2中创建新图层，得到图层4，单击工具箱中的矩形选框工具，按下<Shift>键的同时拖动鼠标，绘制正方形选区，设置前景色为#ff0000（红色），按<Alt+Delete>快捷键，为正方形选区填充红色，按<Ctrl+D>快捷键取消选区，得到图6-8所示的效果。在组2中新建图层5，按住<Ctrl>键的同时单击图层4缩略图，载入图层4选区，执行菜单栏中的"编辑"→"描边"命令，设置参数，如图6-9所示。按<Ctrl+D>快捷键取消选区，单击工具箱中的移动工具，移动白色边框，得到的效果如图6-10所示。

图　6-6

图　6-7

图　6-8

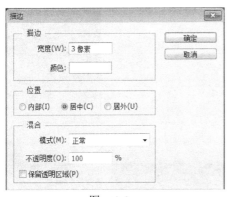

图　6-9

图　6-10

8）重复步骤7），设置前景色为#fff600（黄色），分别得到图层6和图层7。

9）重复步骤7），设置前景色为#00a7ed（蓝色），分别得到图层8和图层9。

10）重复步骤7），设置前景色为#007c4c（绿色），分别得到图层10和图层11。效果如图6-11所示。

11）单击工具箱中的横排文字工具 T.，输入文字"18:30"，得到的效果如图6-12所示。

图 6-11

图 6-12

12）在组2中，新建图层12，设置前景色为ff5400，单击工具箱中的圆角矩形工具 ，工具选项栏的设置如图6-13所示，绘制橘色圆角矩形，输入文字"其他城市"，得到效果如图6-14所示。

13）单击"图层"面板中的创建新组按钮 ，创建组3，设置前景色为000000（黑色），输入文字"同城交友"，单击"同城交友"文字图层，拖曳至"图层"面板下方的创建新图层按钮 上，得到同城交友副本文字图层，改变文字颜色为ff0000（红色），单击工具箱中的移动工具 ，移动同城交友副本文字图层的位置，得到的效果如图6-15所示。

14）重复步骤13），分别输入文字"美食文化""景点""地图""实时路况"，文字大小有所改变，得到的效果如图6-16所示。

图 6-13

图 6-14

图 6-15

图 6-16

15）在组3中，新建图层13，设置前景色为ffffff（白色），单击工具箱中的直线工具，工具选项栏的设置如图6-17所示，绘制如图6-18所示的白色直线。双击图层13，弹出"图层样式"对话框，为图层13添加投影效果，参数设置如图6-19所示，投影效果如图6-20所示。

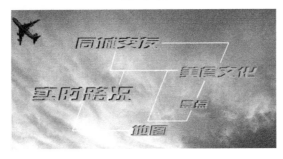

图   6-17

图   6-18

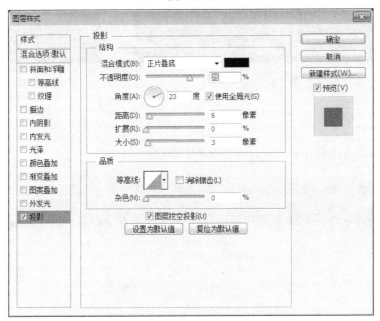

图   6-19

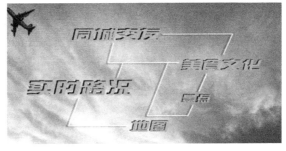

图   6-20

16）输入文字"北京"，新建图层14，设置前景色为白色，单击工具箱中的直线工具，工具选项栏的设置如图6-21所示，绘制如图6-22所示的白色直线。最终效果如图6-23所示。

图 6-21

图 6-22

图 6-23

任务拓展

为"助农商城"小程序设计一款个性化用户界面。

任务总结

通过对本任务的学习，掌握用户界面的大小及设计方法，掌握Photoshop软件中图层及描边命令的使用方法。

任务2 制作经典图标

任务情境

图标是具有指代意义的符号，它具有高度浓度、简便快捷传达信息的特性，其应用范围非常广泛，任何一款App应用都会涉及图标，本任务就是应用Photoshop软件中的一些简单工具制作一款经典图标。

任务实施

1）执行菜单栏中的"文件"→"新建"命令，在弹出的"新建"对话框中设置各参数及选项，如图6-24所示。

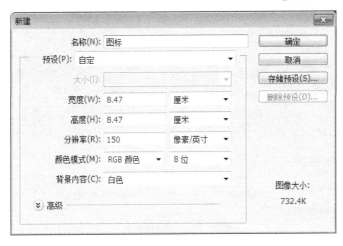

图 6-24

2）按<Ctrl+R>快捷键打开标尺，添加横向、竖向两条参考线，单击"图层"面板下方的创建新图层按钮■，得到图层1，设置前景色为"#a3a3a3"，单击工具箱中的椭圆选框工具■，将鼠标光标放在参考线确定的中心位置，按<Alt+Shift>快捷键，得到圆形选区，如图6-25所示。按<Alt+Delete>快捷键，填充前景色，按<Ctrl+D>快捷键取消选区，得到的效果如图6-26所示。双击图层1，弹出"图层样式"对话框，为图层1添加投影效果，参数设置如图6-27所示，得到的效果如图6-28所示。

3）新建图层2，设置前景色为白色，单击工具箱中的椭圆选框工具■，将鼠标光标放在参考线确定的中心位置，按<Alt+Shift>快捷键，得到圆形选区，按<Alt+Delete>快捷键，填充前景色，按<Ctrl+D>快捷键取消选区，得到的效果如图6-29所示。

4）新建图层3，单击工具箱中的椭圆选框工具■，将鼠标光标放在参考线确定的中心位置，按<Alt+Shift>快捷键，得到圆形选区，如图6-30所示。单击工具箱中的矩形选框工具■，按下<Alt>键的同时拖动鼠标，将圆形选区的下半部减去，得到如图6-31所示的选区，继续使用矩形选框工具，按下<Alt>键的同时拖动鼠标，将圆形选区的右半部减去，得到如图6-32所示的选区。

图 6-25

图 6-26

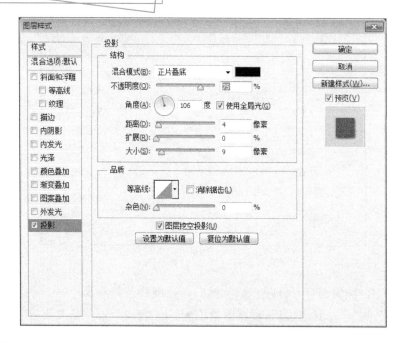

图　6-27

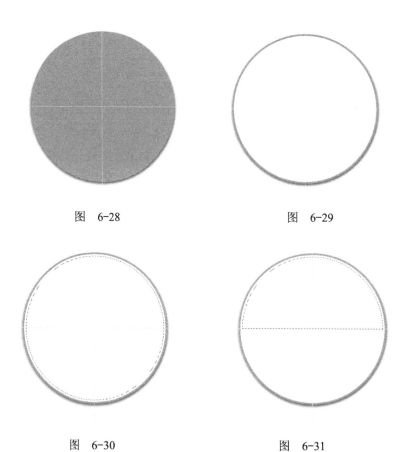

图　6-28　　　　　　　　　　　　　　　　图　6-29

图　6-30　　　　　　　　　　　　　　　　图　6-31

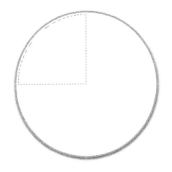

图 6-32

5）单击工具箱中的渐变工具 ■，设置前景色为"#0098f3"，设置背景色为"#005cbd"，单击工具选项栏中的渐变编辑器按钮 ■，弹出渐变编辑器，选择从前景色到背景色的渐变，参数设置如图6-33所示。选中图层3，填充渐变，按<Ctrl+D>快捷键取消选区，得到的效果如图6-34所示。

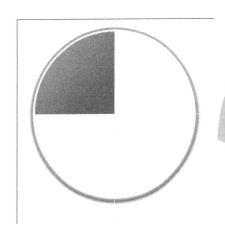

图 6-33　　　　　　　　　　　　　　　　　　图 6-34

6）单击图层3，拖动图层3到"图层"面板下方的创建新图层按钮 ■ 上，得到图层3副本，执行菜单栏中的"编辑"→"变换"→"垂直翻转"命令，使用移动工具，将图层3副本移动至如图6-35所示的位置。

7）单击图层3副本，拖动图层3副本到"图层"面板下方的创建新图层按钮 ■ 上，得到图层3副本2，执行菜单栏中的"编辑"→"变换"→"水平翻转"命令，使用移动工具，将图层3副本移动至如图6-36所示的位置。

8）单击图层3副本2，拖动图层3副本2到"图层"面板下方的创建新图层按钮 ■ 上，得到图层3副本3，执行菜单栏中的"编辑"→"变换"→"垂直翻转"命令，使用移动工具，将图层3副本3移动至如图6-37所示的位置。按下<Ctrl>键的同时单击图层3副本2缩略图，载入图层3副本2选区，设置前景色为"3ba600"，背景色为"135600"，单击工具箱中的渐变工具，为图层2副本2填充渐变，得到的效果如图6-38所示。

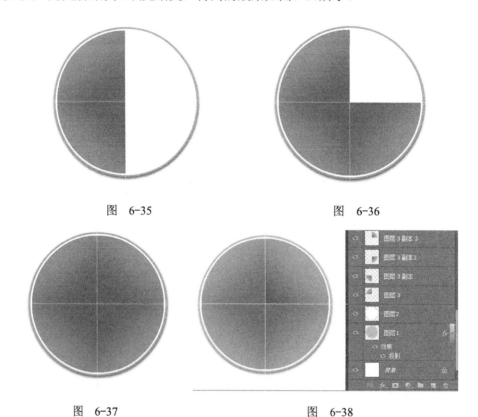

图　6-35　　　　　　　　　　　　　　　图　6-36

图　6-37　　　　　　　　　　　　　　　图　6-38

9）选中图层3副本3，按<Ctrl+E>快捷键，重复3次，将4个图层合并为图层3，如图6-39所示。

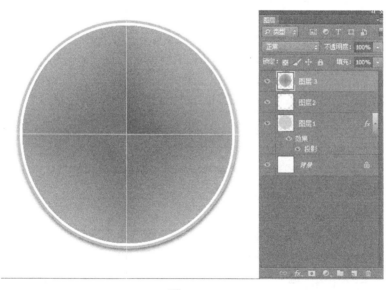

图　6-39

10）新建图层4，设置前景色为白色，单击工具箱中的椭圆选框工具 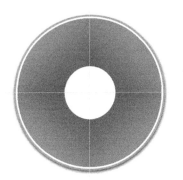，将鼠标光标放在参考线确定的中心位置，按<Alt+Shift>快捷键，得到圆形选区，按<Alt+Delete>快捷键，填充前景色，按<Ctrl+D>快捷键取消选区，得到的效果如图6-40所示。双击图层4，弹出"图层样式"对话框，为图层4添加内阴影效果，参数设置如图6-41所示，得到的效果如图6-42所示。

11）分别打开单元6中的素材"2.psd" "3.psd" "4.psd"和"5.psd"，使用移动工具将素材移动至图6-43所示的位置。

图　6-40

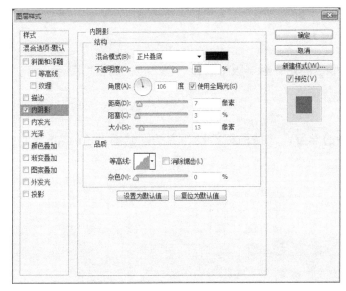

图　6-41

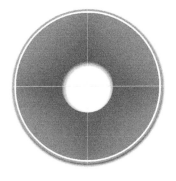

图　6-42

图　6-43

12）输入文字"查询""在线咨询""留言评论"和"购物车"，最终效果如图6-44

所示。

图 6-44

任务拓展

为"天天购"购物网站"触屏版"设计一个"自主购物"图标。

任务总结

通过对本任务的学习，掌握图标的设计方法，掌握Photoshop软件中渐变及图层样式的使用方法。

单元 7
多彩滤镜

单元情境

日常生活中，我们经常看到一些从现实照片演化而来的图像，它们或抽象而有趣或美丽而精致，它们用自己的方式吸引着人们的眼球，传递着丰富的情感，让我们的设计可以展现出多种多样的姿态。就像摄影师们在照相机的镜头前加上各种特殊镜片拍出来的照片一样，即Photoshop软件中的工具——滤镜。

单元概要

特殊镜片的思想延伸到计算机的图像处理技术中，便产生了"滤镜（Filer）"，也称为"滤波器"，它是一种特殊的图像效果处理技术。滤镜是遵循一定的程序算法，对图像中像素的颜色、亮度、饱和度、对比度、色调、分布、排列等属性进行计算和变换处理，从而使图像产生特殊效果。生活中平淡无奇的照片通过滤镜的处理就可以使人们产生不一样的视觉感受。

单元学习目标

本单元主要是利用Photoshop软件中各种滤镜的组合，对已有的图片进行处理，从而制作出符合各方面用途的精彩图像。

任务1　炫彩烟花

任务情境

本任务是制作一幅新年宣传海报，其中需要一个五彩烟花的效果。但是没有找到合适的图片，所以要使用现有的素材制作一个烟花的效果以装饰最终的海报。要求制作的效果色彩丰富，美丽逼真。

任务实施

1）执行菜单栏中的"文件"→"打开"命令，打开单元7中的素材"1.jpg"，效果如图7-1所示。

2）执行"滤镜"→"像素化"→"马赛克"命令，如图7-2所示。

图　7-1　　　　　　　　　　　　图　7-2

3）执行"滤镜"→"滤镜库"→"风格化"→"照亮边缘"命令，效果如图7-3所示。

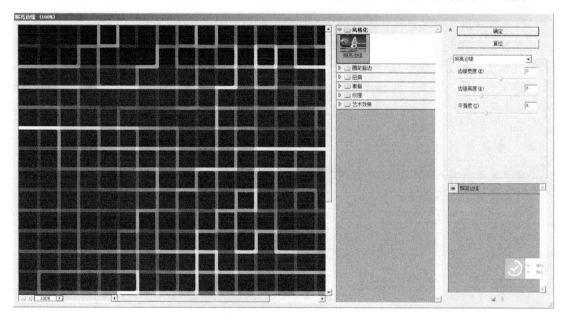

图　7-3

4）按<Ctrl+J>快捷键复制背景图层，如图7-4所示。

图 7-4

5）执行"编辑"→"变换"→"旋转90度（顺时针）"命令，翻转图层1，得到如图7-5所示的效果。

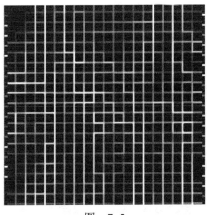

图 7-5

6）修改图层1的混合模式为"变暗"，得到如图7-6所示的效果。

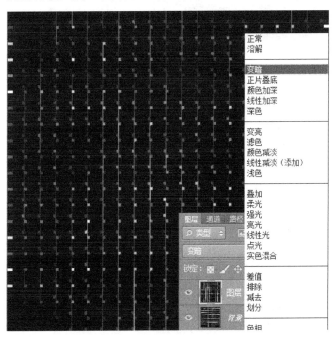

图 7-6

7）按<Ctrl +Shift+Alt +E>快捷键盖印当前所有图层效果，得到图层2，如图7-7所示。此操作是合并所有可见图层，并独立建立一个图层。

图 7-7

8）删除其余图层，如图7-8所示。

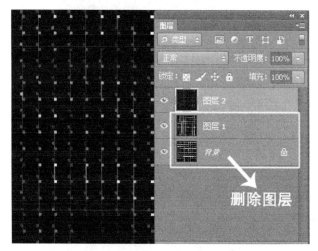

图 7-8

9）使用椭圆选框工具在中心绘制椭圆选区，如图7-9所示。

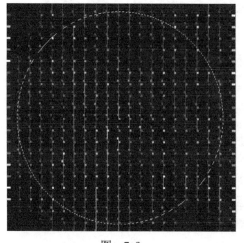

图 7-9

10）执行"滤镜"→"扭曲"→"球面化"命令，把选区内的图像进行变形，"球面化"对话框中参数的设置如图7-10所示，得到如图7-11所示的效果。

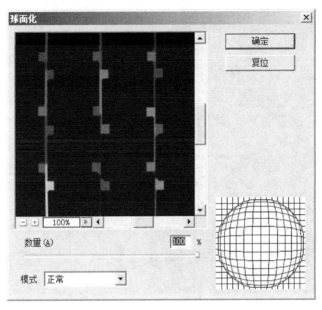

图　7-10

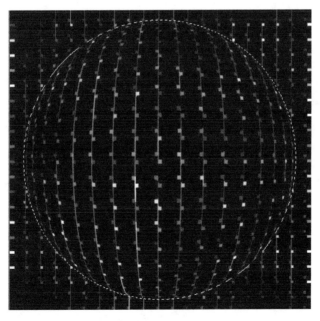

图　7-11

11）保持当前的选区，按<Ctrl+J>快捷键复制当前内容在新的图层3上，效果如图7-12所示。

12）在图层2中随意填充一个颜色，得到如图7-13所示的效果。

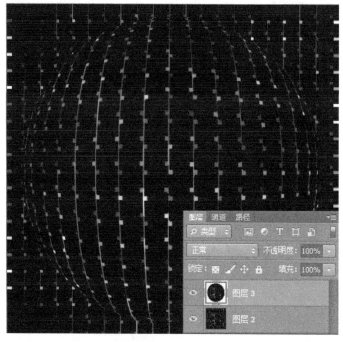

图　7-12

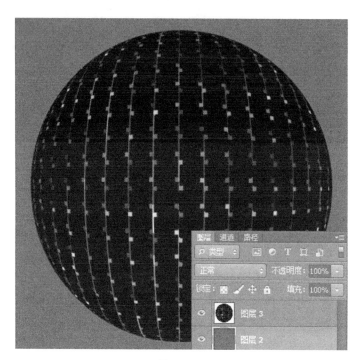

图　7-13

13）修改图层3的混合模式为"线性减淡（添加）"，得到如图7-14所示的效果。

14）重复按多次<Ctrl+J>快捷键，将图层3复制多次，使颜色更加鲜艳明快，效果
如图7-15所示。

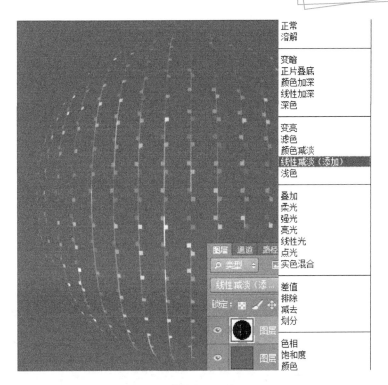

图 7-14

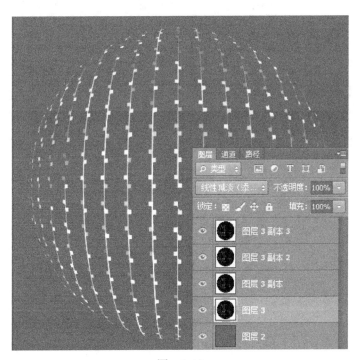

图 7-15

15）选中图层3和其他3个副本，如图7-16所示，按<Ctrl+E>快捷键，合并这4个图层，效果如图7-17所示。

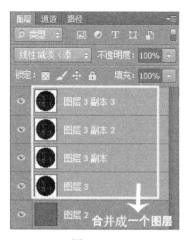

图 7-16

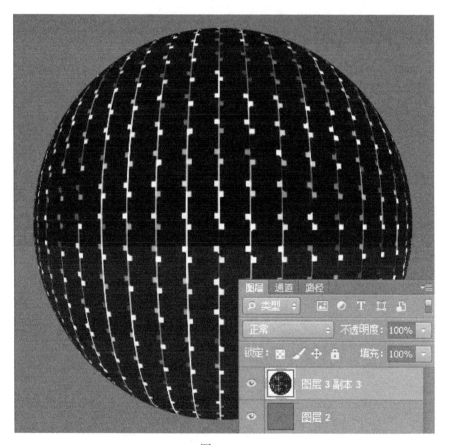

图 7-17

16）修改图层3的混合模式为"线性减淡（添加）"，得到如图7-18所示的效果。

17）执行"滤镜"→"滤镜库"→"艺术效果"→"干画笔"命令，把方形转化成圆形，效果如图7-19和图7-20所示。

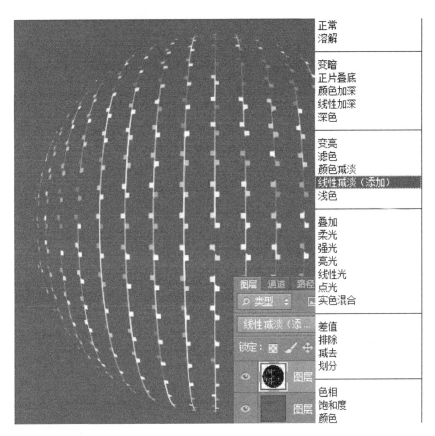

图 7-18

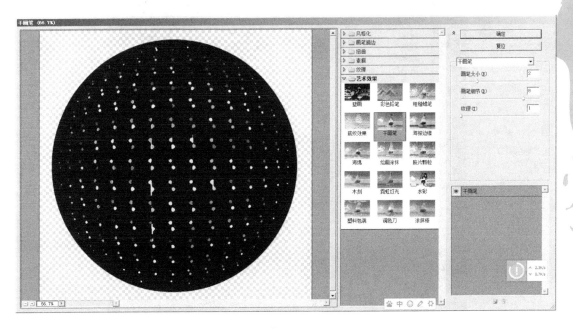

图 7-19

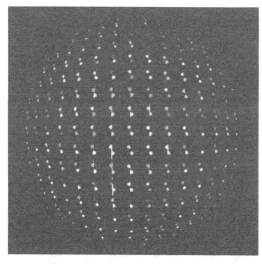

图 7-20

18) 执行"滤镜"→"扭曲"→"极坐标"命令,如图7-21所示,得到如图7-22所示的效果。

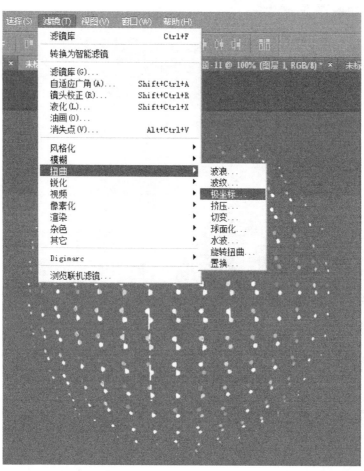

图 7-21

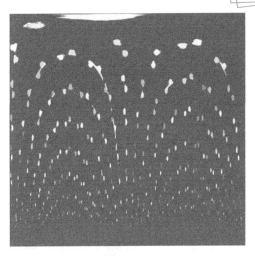

图　7-22

19）执行"编辑"→"变换"→"旋转90度（顺时针）"命令，如图7-23所示，将当前图层翻转一下，效果如图7-24所示。

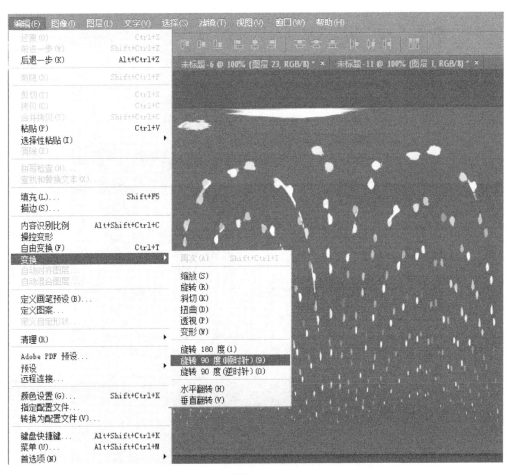

图　7-23

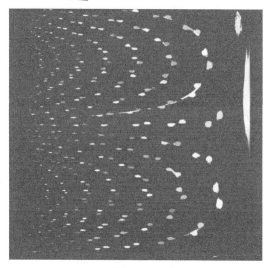

图 7-24

20）执行两次"滤镜"→"风格化"→"风"命令，如图7-25所示，效果如图7-26所示。

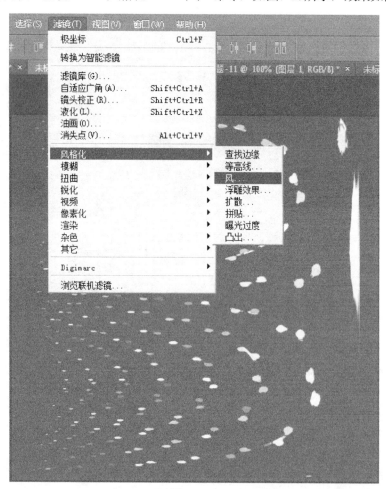

图 7-25

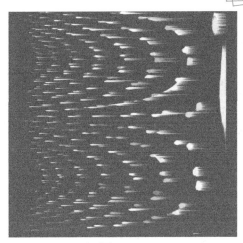

图 7-26

21）执行"编辑"→"变换"→"旋转90度（逆时针）"命令，如图7-27所示，将当前图层翻转回原来的位置，效果如图7-28所示。

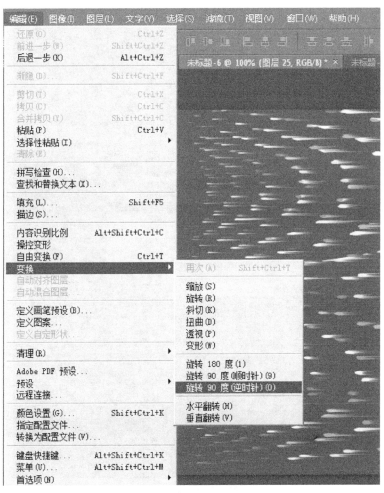

图 7-27

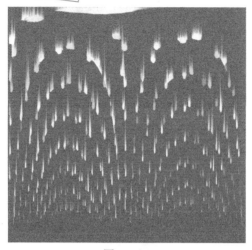

图 7-28

22）执行"滤镜"→"扭曲"→"极坐标"命令，如图7-29所示，得到如图7-30所示的最终效果。

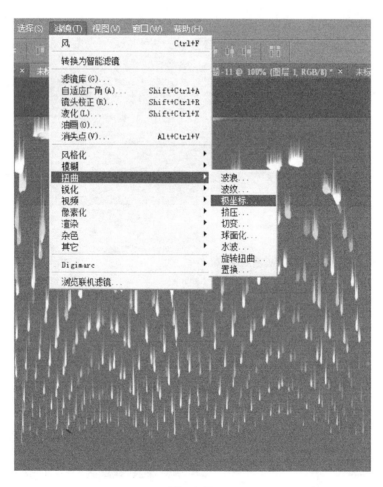

图 7-29

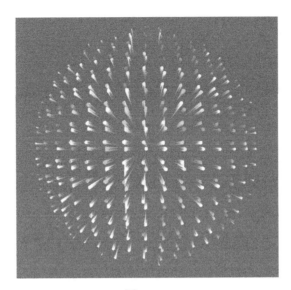

图 7-30

任务拓展

使用图7-31，按照实例中的过程，制作一幅新的炫彩背景图。

图 7-31

任务总结

通过对本任务的学习，掌握涉及的几个滤镜的使用技巧，通过不同滤镜的组合使用可以产生出其不意的效果。

任务2 可爱相框

任务情境

本任务是制作一面照片墙，需要给每一张照片加上活泼可爱的边框效果，最终制作成色彩丰富、形状多样的照片集锦。

任务实施

1）执行菜单栏中的"文件"→"打开"命令，打开单元7中的素材"2.jpg"，如图7-32所示。

图 7-32

2）使用矩形选框工具，在图中绘制选区，如图7-33所示。

图 7-33

3）按<Ctrl+Shift+I>快捷键反选当前的选区。在工具箱中单击▣按钮，进入快速蒙版编辑状态，如图7-34所示。

图 7-34

4）执行"滤镜"→"像素化"→"彩色半调"命令，如图7-35所示，得到如图7-36所示的效果。

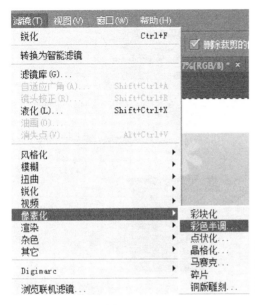

图 7-35　　　　　　　　　　　　　　　　图 7-36

5）执行"滤镜"→"像素化"→"碎片"命令，如图7-37所示，得到如图7-38所示的效果。

6）执行"滤镜"→"锐化"→"锐化"命令，如图7-39所示，按<Ctrl+F>快捷键重复执行两次锐化命令，得到如图7-40所示的效果。

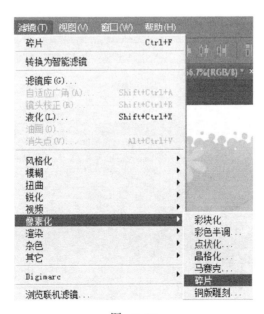

图 7-37

图 7-38

滤镜(T) 视图(V) 窗口(W) 帮助(H)

碎片	Ctrl+F
转换为智能滤镜	
滤镜库(G)...	
自适应广角(A)...	Shift+Ctrl+A
镜头校正(R)...	Shift+Ctrl+R
液化(L)...	Shift+Ctrl+X
油画(O)...	
消失点(V)...	Alt+Ctrl+V
风格化	▶
模糊	▶
扭曲	▶
锐化	▶
视频	▶
像素化	▶
渲染	▶
杂色	▶
其它	▶
Digimarc	▶
浏览联机滤镜...	

☑删除裁剪的

56.7%(RGB/8) * ×

USM 锐化...
进一步锐化
锐化
锐化边缘
智能锐化...

图 7-39

图 7-40

7）在工具箱中单击  按钮，退出快速蒙版编辑状态，如图7-41所示。

图 7-41

8）复制背景层，此时的"图层"面板如图7-42所示。

图 7-42

9）按<Delete>键，将背景副本选区内的内容删除，然后把背景层删除，得到如图7-43所示的效果。

图 7-43

10）在"图层"面板中，单击新建按钮  新建一个图层1，然后把图层1放在背景副本图层的下面，如图7-44所示。

图 7-44

11）在图层1中添加背景颜色"#68002f"，得到如图7-45所示的最终效果。

图 7-45

任务拓展

为图7-46制作一个新的相框。

图 7-46

任务总结

通过对本任务的学习，掌握滤镜与快速蒙版结合使用的技巧，通过在快速蒙版中运用不同的滤镜组合可以产生意想不到的效果。

单元 **8**
做出精彩设计

 单元情境

平面设计是Photoshop软件应用最为广泛的领域，无论是人们家中使用的物品包装，还是人们正在阅读的图书，还是随时可以看到的招贴、海报，这些精美的平面印刷品，基本上都需要使用Photoshop软件对图像进行处理。

 单元概要

通过对Photoshop软件系统的学习，读者可以通过Photoshop软件来制作海报、招贴、画册及产品包装等平面作品，甚至可以设计与众不同的字体。本单元就是在学习版式设计相关知识的基础上制作一系列的平面作品。

 单元学习目标

本单元主要学习版式设计的相关知识，包括版式设计的编排构成、视觉流程、编排形式法则，在掌握这些版式设计知识的基础上，制作艺术字体、个性简历和招聘海报。

任务1 字体设计

任务情境

利用Photoshop软件可以使文字发生各种各样的变化，制作出各种个性字体，这些艺术化处理后的文字可以为平面作品增加绚丽的效果。

任务实施

1）执行菜单栏中的"文件"→"新建"命令，在弹出的"新建"对话框中设置各参数及选项，如图8-1所示。

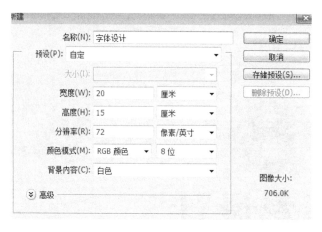

图 8-1

2）单击工具箱中的文字工具，输入文字"舞"，颜色为"#66ff00"，文字大小为220点，字体为百度综艺体，按<Ctrl+T>快捷键，对"舞"字进行旋转，得到的效果如图8-2所示。

3）单击工具箱中的文字工具，输入文字"动"，颜色为"#66ff00"，文字大小为165点，字体为百度综艺体。

4）单击工具箱中的文字工具，输入文字"青春"，颜色为"#66ff00"，文字大小为220点，字体为百度综艺体，得到的效果如图8-3所示。

图 8-2   图 8-3

5）按下<Ctrl>键的同时单击"舞"文字图层、"动"文字图层、"青春"文字图层，将3个文字图层同时选中，执行"图层"→"合并图层"命令，将3个文字图层合并为一个普通图层。选中"青春"图层，按住鼠标左键将其移动至"图层"面板下方的创建新图层按钮上，复制得到"青春的副本"图层，此时的"图层"面板如图8-4所示。

6）执行"文件"→"打开"命令，打开单元8中的素材"1.jpg"，单击工具箱中的移动工具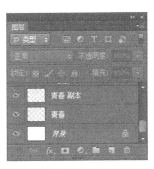，将素材图移动至"字体设计"文件中，得到图层1，如图8-5所示。

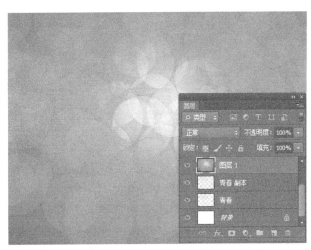

图 8-4   图 8-5

7）执行"图层"→"创建剪贴蒙版"命令，创建剪贴蒙版，如图8-6所示。

图 8-6

温馨提示

　　剪贴蒙版是Photoshop软件中功能简单但却很实用的功能，通过两个以上的图层来实现，其中下方图层依据图层中的像素提供最终显示的外部轮廓，上方图层提供显示的内容。

　　菜单操作：执行"图层"→"创建剪贴蒙版"命令。

　　快捷键：<Ctrl+Alt+G>。

　　快捷操作：按下<Alt>键，在"图层"面板中单击两个图层之间的交界处。

8）单击选中图层1，单击工具箱中的椭圆选框工具，按住<Shift>键的同时拖动鼠标，绘制正圆形选区，如图8-7所示，按<Ctrl+Shift+I>快捷键，将选区反选，按<Delete>键删除，按<Ctrl+D>快捷键，取消选区，得到的效果如图8-8所示。

图 8-7   图 8-8

9）双击图层1，弹出"图层样式"对话框，为图层1设置投影效果，设置参数如图8-9所示，得到的效果如图8-10所示。

10）选中移动工具，单击选中"青春"图层，移动其位置，按下<Ctrl>键的同时，单击"青春"图层的缩略图，载入"青春"图层的选区，设置前景色为"#193f00"，按<Alt+Delete>快捷键，填充前景色，最终效果如图8-11所示。

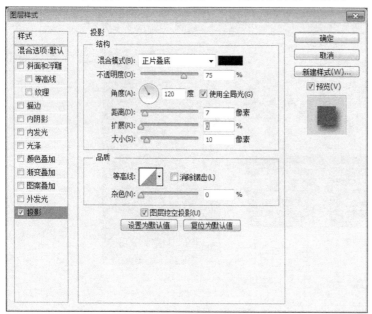

图 8-9   图 8-10

图 8-11

任务拓展

根据所学知识，设计"腾飞中国"这4个字，要求要有创意。

任务总结

文字在版式设计中具有重要的作用，通过对本任务的学习，掌握文字设计的一些方法及技巧。

任务2 设计个性简历

任务情境

毕业生面临实习，即将走向工作岗位。那么面试的时候，如何在众多人中脱颖而出呢？首先需要制作一份精美的简历。简历作为重要的求职材料，可以向招聘单位展示自己适合该工作岗位的知识水平、工作能力、素质能力、为就业的成功打下基础。本任务的重点就是通过所学的Photoshop知识制作一份个性简历。

任务实施

1）执行菜单栏中的"文件"→"新建"命令，在弹出的"新建"对话框中设置各参数及选项，如图8-12所示。

图 8-12

2）单击"图层"面板下方的创建新图层按钮，新建图层1，设置前景色为"#ebedd7"，按<Alt+Delete>快捷键，为图层1填充前景色。

3）打开单元8中的素材"2.jpg"，使用移动工具将其移动至"个性简历"文件中，得到图层2，按<Ctrl+T>快捷键，按住<Shift>键的同时拖动鼠标，按比例改变素材图的大小，并将其放至合适位置，如图8-13所示。

4）单击"图层"面板下方的添加图层蒙版按钮，为图层2添加图层蒙版，设置前景色为黑色，单击工具箱中的画笔工具，设置画笔硬度为"0%"，大小为"300"，在图层2蒙版上进行涂抹，得到的效果如图8-14所示。

图 8-13 图 8-14

5）打开单元8中的素材"3.jpg"，使用移动工具将其移动至"个性简历"文件中，得到图层3，按<Ctrl+T>快捷键，按住<Shift>键的同时拖动鼠标，按比例改变素材图的大小，并将其放至合适位置，如图8-15所示。

6）单击"图层"面板下方的添加图层蒙版按钮，为图层3添加图层蒙版，设置前景色为黑色，单击工具箱中的画笔工具，设置画笔硬度为"0%"，大小为"300"，在图层3蒙版上进行涂抹，得到的效果如图8-16所示。

图 8-15 图 8-16

7）打开单元8中的素材"4.jpg"，使用移动工具将其移动至"个性简历"文件中，得到图层4，按<Ctrl+T>快捷键，按住<Shift>键的同时拖动鼠标，按比例改变素材图的大小，并将其放至合适位置，如图8-17所示。

8）单击"图层"面板下方的添加图层蒙版按钮 ▣ ，为图层4添加图层蒙版，设置前景色为黑色，单击工具箱中的画笔工具 ✎ ，设置画笔硬度为"0%"，大小为"300"在图层4蒙版上进行涂抹，得到的效果如图8-18所示。

图 8-17 图 8-18

9）单击工具箱中的文字工具 T ，输入文字"个人简历"，得到"个人简历"文字图层，字体为超粗宋简，字号为90点，颜色为黑色。双击"个人简历"文字图层，弹出"图层样式"对话框，为文字添加投影效果，参数设置如图8-19所示，得到的效果如图8-20所示。

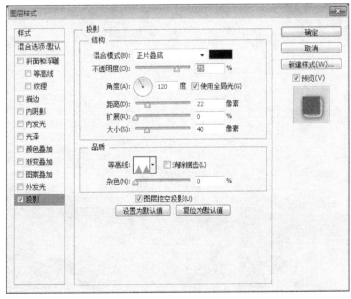

图 8-19

10）输入文字"相信自己，实现自我价值"，如图8-21所示。

图　8-20　　　　　　　　　　　　　　　　　图　8-21

11）单击"图层"面板下方的创建新组按钮，得到组1，新建图层5，单击工具箱中的矩形选框工具，绘制矩形，设置前景色为"#dbceac"，按下<Alt+Delete>快捷键，填充前景色，如图8-22所示。单击"图层"面板下方的创建图层蒙版按钮，为图层5添加蒙版，为图层5蒙版填充黑白渐变，得到的效果如图8-23所示。

图　8-22　　　　　　　　　　　　　　　　　图　8-23

12）输入如图8-24所示的文字，颜色为"7d5d36"，其中"基本资料"的字体为隶书、字号为25点，"Basic information"的大小为"15"点，其他文字的大小为"7.3"点，得到的效果如图8-25所示。

基本资料 (Basic information)

姓名：李小文	专业：美术设计与制作
性别：男	毕业院校：第二职业中专
民族：汉	地址：宁安路32号
学历：中专	邮编：050000
出生日期：1996年8月	联系电话：13000000000
健康状况：良好	电子邮件：lixiaowen@163.com

图　8-24

图　8-25

13）单击"图层"面板下方的创建新组按钮 ▣ ，得到组2，单击选中组1中的图层5，拖动图层5至"图层"面板下方的创建新图层按钮上，得到图层5副本，移动图层5副本至组2，如图8-26所示。

图 8-26

14）重复步骤12），输入如图8-27所示的文字，得到的效果如图8-28所示。

图 8-27

15）重复步骤13）和步骤14），新建组3，输入文字如图8-29所示，得到的效果如图8-30所示。

16）重复步骤13）和步骤14），新建组4，输入文字如图8-31所示，得到的效果如图8-32所示。

个人简历
相信自己，实现自我价值
基本资料(Basic information)
求职意向(Job intention)
广告设计/平面设计/计算机美工/网页设计/网店装修/企业形象设计/Flash制作

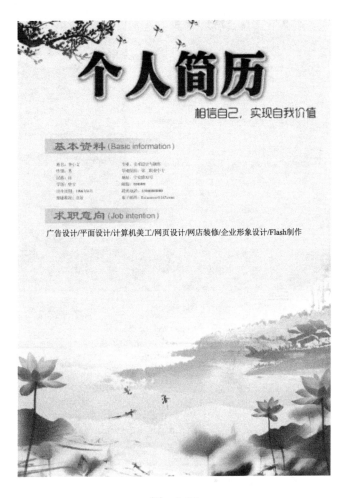

图 8-28

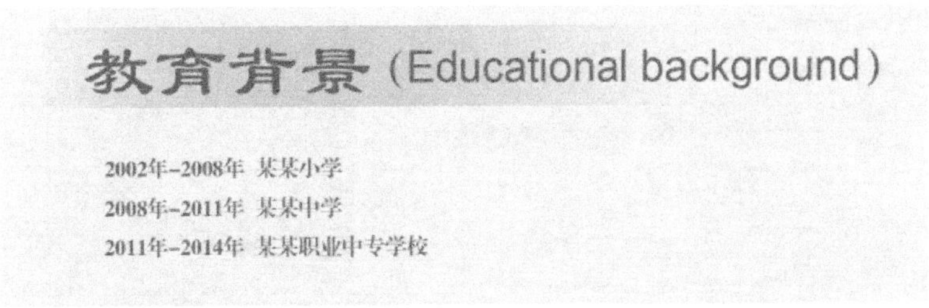

教育背景(Educational background)
2002年-2008年 某某小学
2008年-2011年 某某中学
2011年-2014年 某某职业中专学校

图 8-29

17）重复步骤13）和步骤14），新建组5，输入文字如图8-33所示，得到的效果如图8-34所示。

图 8-30

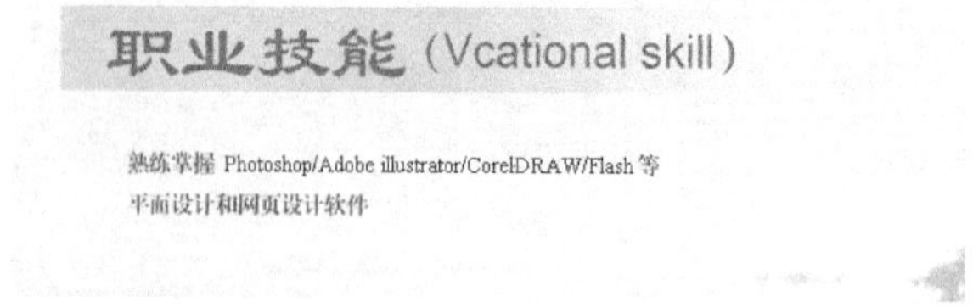

职业技能（Vcational skill）

熟练掌握 Photoshop/Adobe illustrator/CorelDRAW/Flash 等
平面设计和网页设计软件

图 8-31

图 8-32

图 8-33

图 8-34

18）重复步骤13）和步骤14），新建组6，输入文字如图8-35所示，得到的效果如图8-36所示。

图 8-35

19）新建图层6，设置前景色为"d6d8c3"，使用矩形选框工具绘制矩形选区，按 <Alt+Delete>快捷键，为矩形选区填充前景色，按<Ctrl+Delete>快捷键，取消选区。单击工具箱中的竖排文字工具 T，输入文字"照片"，得到的最终效果如图8-37所示。

图 8-36

图 8-37

任务拓展

为自己设计一份个人简历，为就业做好准备工作。

任务总结

通过对本任务的学习，掌握制作个人简历的方法。一份标准简历中需要包括基本资料、求职意向、教育背景、职业技能、获奖情况、自我评价等个人基本概况。

任务3 设计招聘海报

任务情境

海报设计是视觉传达的表现形式之一，通过版面在第一时间吸引人们的目光，并获得瞬间的刺激，这要求设计师将图片、文字、色彩等要素在有限的空间内进行完美的组合，以恰当的形式向人们展示宣传信息。本任务是通过学习的Photoshop知识制作一张招聘海报。

任务实施

1）执行菜单栏中的"文件"→"新建"命令，在弹出的"新建"对话框中设置各参数及选项，如图8-38所示。设置前景色为黑色，按<Ctrl+Delete>快捷键，为背景层填充黑色。

2）打开单元8中的素材"5.jpg"，使用移动工具将其移动至"招聘海报"文件中，得到图层1，如图8-39所示，单击"图层"面板下方的添加图层蒙版按钮，为图层1添加图层蒙版，为图层1蒙版填充黑白渐变，使素材与背景得到很好的融合，效果如图8-40所示。

3）打开单元8中的素材"6.jpg"，单击工具箱中的魔棒工具，单击素材图的白色背景部分，按<Ctrl+Shift+I>快捷键反选选区，按<Shift+F6>快捷键进行羽化，羽化值为2像素px，使用移动工具将其移动至"招聘海报"文件中，得到图层2，执行菜单栏中的"编辑"→"变换"→"旋转90度（逆时针）"命令，按<Ctrl+T>快捷键，按住<Shift>键的同时拖动鼠标，按比例改变素材图的大小，并将其放至合适位置，如图8-41所示。

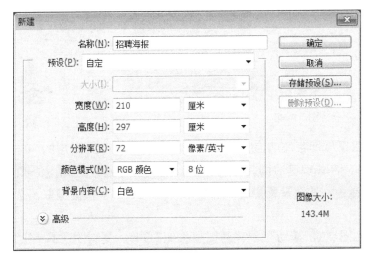

图 8-38

图 8-39

图 8-40

图 8-41

4）单击"图层"面板下方的创建新图层按钮，得到图层3，单击工具箱中的椭圆选框工具，按下<Shift>键的同时拖动鼠标，绘制圆形选区，如图8-42所示。执行"编辑"→"描边"命令，参数设置如图8-43所示，按<Ctrl+D>快捷键取消选区，得到的效果如图8-44所示。

5）单击选中图层3，拖动至创建新图层按钮上，复制图层3，得到图层3副本，按<Ctrl+T>快捷键，按<Alt+Shift>快捷键的同时拖动鼠标，将白色圆环变大，得到的效果如

图8-45所示。

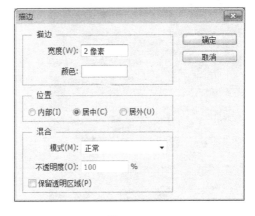

图 8-42   图 8-43

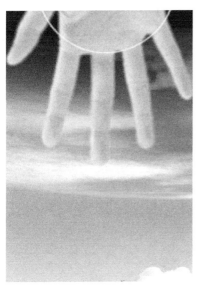

图 8-44   图 8-45

6）新建图层4，单击工具箱中的直线工具，设置工具选项栏中的工具模式为像素，半径为1px，按下<Shift>键的同时拖动鼠标，绘制一条垂直直线，如图8-46所示。

7）新建图层5，重复步骤6），绘制一条水平直线，如图8-47所示。

8）单击工具箱中的文字工具，输入文字"聘"，颜色为"#ff1905"，调整至合适大小，执行"文字"→"栅格化文字图层"命令，将文字图层转化为普通图层，按<Ctrl>键的同时单击"聘"图层缩略图，载入选区，执行"编辑"→"描边"命令，参数设置如

149

图8-48所示。按下<Ctrl+D>快捷键取消选区，设置"聘"图层的混合模式为"叠加"，得到的效果如图8-49所示。

图　8-46

图　8-47

图　8-48

图　8-49

9）输入文字"景观设计""设计总监""平面设计"和"文案策划"，颜色为"红色"，字体为"时尚中黑简体"，字号为"33点"，效果如图8-50所示。

10）输入文字"我们崇尚专注一生的事业"和"更赞叹自由奔放的灵魂"，颜色为"白色"，字体为"黑体"，字号为"16点"，最终效果如图8-51所示。

图 8-50　　　　　　　　　　　　　图 8-51

任务拓展

为校园戏曲文化节设计一副海报。

任务总结

通过对本任务的学习，掌握海报的设计方法，以及海报的相关知识。